Kubernetes 最佳實務

成功建立 Kubernetes 應用程式的藍圖

Kubernetes Best Practices

Blueprints for Building Successful Applications on Kubernetes

Brendan Burns, Eddie Villalba,
Dave Strebel, and Lachlan Evenson 著

林班侯 譯

O'REILLY®

目錄

前言

誰該閱讀本書？

Kubernetes 是雲端原生開發的實質標準。功能強大，不但可以簡化應用程式的開發、加速其部署，運作起來也更穩定。然而，要讓 Kubernetes 發揮威力，必須要先正確地運用它。只要有人想把真實生活中的應用程式部署到 Kubernetes 上，同時想要理解，這些建置在 Kubernetes 上的應用程式有哪些模式及實務做法可以運用，這些人就是我們預期的讀者群。

這不是一本介紹 Kubernetes 的書籍。我們假設各位已經對於 Kubernetes 的 API 和工具有一定的了解，而且也知道該如何建立和操作一個 Kubernetes 叢集。如果你想學習 Kubernetes，坊間有許多資源可供參照，例如《*Kubernetes*：**建置與執行**》就很適合做為入門參考（2020 年，碁峰資訊出版）。

此外，對於任何想要深入了解如何在 Kubernetes 上部署特定應用程式及工作負載的人來說，本書會是他們所需的資訊來源。無論你是正要在 Kubernetes 上初次部署應用程式、還是你已經是 Kubernetes 老手，本書都應該可以派上用場。

為何撰寫此書？

對於協助使用者部署 Kubernetes，我們四人都有豐富的經驗。從這些經驗中，我們知道人們會在何處卡關、也能協助他們成功完成部署。這本書就是這些經驗的彙總，希望能讓更多人可以從本書分享的經驗獲益。我們衷心希望，藉由將經驗化為文字，能將知識傳遞出去，協助大家自行在 Kubernetes 上部署及管理應用程式。

本書概覽

雖然你大可一口氣把本書從頭讀到尾，但這並非我們預期的閱讀方式。相反地，本書的設計係由獨立章節組合而成。每一章都以你可能會以 Kubernetes 完成的特定任務為主題，提供完整的概述。我們預計人們會為了學習特定題材或興趣而研讀本書，達到目的就會把它束之高閣，然後在遇到新難題時再回頭來求教。

儘管是這樣獨立的設計，本書還是有一些特定主題的。例如有幾個章節就是以在 Kubernetes 上開發應用程式為主。例如第二章便涵蓋了開發者的工作流程。第五章探討了持續整合與測試。第十五章介紹如何在 Kubernetes 上建置高階平台，而第十六章則提及如何管理有狀態的應用程式及其狀態。除了應用程式的開發，有些章節則著重在 Kubernetes 上的服務運作。第一章涵蓋如何設立基本服務，而第三章探討的則是監看和量測。第四章談的是組態管理、而第六章介紹的則是版本控制和發佈。第七章說明如何將你的應用程式部署到全世界。

有些章節則把重點放在叢集管理，如第八章談的是資源管理、第九章探討網路、第十章則是 pod 的安全性、第十一章探討策略與治理、第十二章說明如何管理多重叢集、第十七章著重存取控制和授權。剩下的章節就真的與其他部分無關；包括機器學習（第十四章）和整合外部服務（第十三章）。

在你真正到真實世界中嘗試本書主題之前，若能先讀完本書當然很有幫助，但我們其實希望各位只把本書當成參考。本書目的在於當你真正到現實中一展身手時，能作為一份參考指南。

本書編排慣例

本書採用下列各種編排慣例：

斜體字（*Italic*）

代表新名詞、網址 URL、電郵地址、檔案名稱、以及檔案屬性。中文以楷體表示。

定寬字（`Constant width`）

用於標示程式碼，或是在本文段落中標註程式片段，如變數或函式名稱、資料庫、資料型別、環境變數、陳述式、關鍵字等等。

定寬粗體字（**`Constant width bold`**）

　　標示指令或其他由使用者輸入的文字。

定寬斜體字（*`Constant width italic`*）

　　標示應以使用者輸入值、或是依前後文決定的內容來取代的文字。

此圖示代表提示或建議。

此圖示代表一般性說明。

此圖示代表警告或注意事項。

使用範例程式

輔助教材（程式碼範例、習題等等）均可至 *https://oreil.ly/KBPsample* 下載取得。

如果有任何技術上的問題、或是對於範例程式碼的使用有疑問，歡迎來信至 *bookquestions@oreilly.com* 詢問。

本書的目的就是要幫助各位完成份內的工作。一般來說，只要是書中所舉的範例程式碼，都可以在你的程式和文件當中引用。除非你要公開重現絕大部分的程式碼內容，否則無須向我們提出引用許可。舉例來說，自行撰寫程式並借用本書的程式碼片段，並不需要許可。但販售或散佈內含 O'Reilly 出版書中範例的內容，則需要許可。引用本書並引述範例程式碼來回答問題，並不需要許可。但是把本書中的大量程式碼納入自己的產品文件，則需要許可。

還有，我們很感激各位註明出處，但並非必要舉措。註明出處時，通常包括書名、作者、出版商、以及 ISBN。例如：「*Kubernetes Best Practices* by Brendan Burns, Eddie Villalba, Dave Strebel, and Lachlan Evenson (O'Reilly). Copyright 2020 Brendan Burns, Eddie Villalba, Dave Strebel, and Lachlan Evenson, 978-1-492-05647-8.」。

如果覺得自己使用程式範例的程度超出上述的許可合理範圍，歡迎與我們聯絡：*permissions@oreilly.com*。

致謝

Brendan 想要感謝他的家人 Robin、Julia 和 Ethan，感謝他們對他所做的一切付出的愛與支持；此外也要感謝 Kubernetes 社群，若是沒有他們，這一切都不會成真；最後他要感謝一起合著的作者們，有他們這本書才能問世。

Dave 要感謝他的嬌妻 Jen 和三個寶貝孩子 Max、Maddie 與 Mason 的支持，還要感謝 Kubernetes 社群多年來的協助。最後他要感謝合著的作者們，讓本書付諸實現。

Lachlan 要感謝妻子與三個孩子的愛與支持，也要感謝 Kubernetes 社群的每一個人，特別是多年來曾花時間賜教的人。他也要特別向 Joseph Sandoval 致意、感謝他的指導。最後他也要感謝合著的作者們完成本書。

Eddie 要感謝妻子 Sandra 在精神上的支持，讓他在頭胎待產的最後三個月還可以為了寫書而消失那麼久，也要感謝剛誕生的女兒 Giavanna，讓他有前進的動力。最後要感謝 Kubernetes 社群和合著的作者們，在他投入雲端生態一途上的諸多指教。

我們還要感謝 Virginia Wilson 在寫作過程中的協助，還有 Bridget Kromhout、Bilgin Ibryam、Roland Huß 與 Justin Domingus 在編輯工作上的協助。

第一章

設立基礎服務

本章描述的是如何在 Kubernetes 上設立一個簡單多層式應用程式的相關實務作法。內容包含一個簡易的網頁應用程式和一套資料庫。雖說這算不上是最複雜的應用程式，但若要拿來當成如何管理一個 Kubernetes 應用程式的指南，還是一個不錯的起點。

應用程式概覽

我們要用來示範的應用程式算不上特別複雜。它只包含一個用 Redis 後端儲放資料的簡單日誌服務。另外還有一個分開的靜態檔案伺服器，用的是 NGINX。它使用單一網址、但有兩個網頁路徑通往此一網址。路徑其中之一屬於日誌的 RESTful 應用程式介面（application programming interface, API），亦即 *https://my-host.io/api*，檔案伺服器則位於主要網址 *https://my-host.io*。它運用了 Let's Encrypt 服務（*https://letsencrypt.org*）來管理 SSL（Secure Sockets Layer）的憑證。圖 1-1 呈現的便是此一應用程式的關係圖。本章以建立這個應用程式為主，我們會先用 YAML 組態檔建立它、然後改用 Helm 圖表。

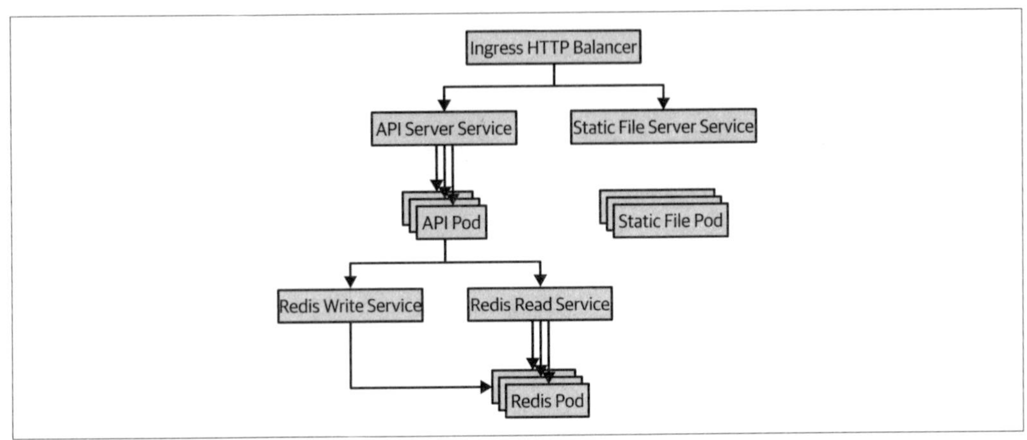

圖 1-1　應用程式關係圖

管理組態檔案

在我們投入 Kubernetes 的應用程式建構細節之前，先來探討一下要如何管理組態本身。在 Kubernetes 裡，所有事物都是以**宣告**（*declaratively*）的方式呈現的。意思就是你可以把應用程式在叢集中該有的狀態（desired state）先寫下來（通常以 YAML 或 JSON 檔案格式來撰寫），而這些經過宣告的應有狀態其實就定義了應用程式的每個部分。這種宣告式的手法比**命令**（*imperative*）的方式更受歡迎，因為對前者而言，叢集的狀態其實就是對叢集施加一連串變異後的加總結果。如果改以命令式手法設定叢集，就很難理解叢集是如何達到現下的狀態、也難以重現。連帶使得你很難理解應用程式的問題、遑論加以解決。

若改採宣告應用程式狀態的手法，一般人通常比較偏好 YAML、而不是 JSON 格式，不過 Kubernetes 兩者皆支援。這是因為 YAML 比較沒那麼冗長、而且也比 JSON 容易閱讀。值得注意的是，YAML 很注重縮排，因此 Kubernetes 組態中的錯誤，經常只要檢查 YAML 的縮排問題就能解決。如果事情進展不如預期時，不妨先從縮排格式開始查起。

由於 YAML 檔案所宣告的狀態就代表了你應用程式現狀的起源，因此正確地管理狀態便成了應用程式成功的一大要素。一旦要變更應用程式的應有狀態，就應正確地管理變更的內容，並驗證內容正確與否，同時記錄誰做了變動，而且還要能在事情出錯時還原至原有的狀態。還好，在軟體工程的概念裡，我們已開發出了能夠同時管理宣告式狀態變更內容、以及稽核和還原所需的工具。也就是說，只要是版本控管和程式碼審閱應遵循的實務做法，都可以直接運用在管理應用程式應有狀態這碼事上。

近年來，人們已經慣於將 Kubernetes 的組態檔放在 Git 上。雖說版本控管系統的特定細節並不重要，但 Kubernetes 生態圈裡有很多這類工具都預期會把檔案放在 Git 的代碼儲存庫裡。而程式碼審閱的工具差異性更大，雖說 GitHub 明顯地受到歡迎，但還是有人會習於使用自有的程式碼審閱工具或服務。不論你是以何種方式審閱應用程式的原始程式碼，都應該跟原始碼控管一樣，用同樣審慎的態度來對待。

一般用來組織檔案系統元件的資料夾結構，也很適合用在應用程式的檔案系統規劃上。只要是你的團隊所需的 Application Service 定義內容，通常會以單一目錄來含括**應用程式服務**（*Application Service*）。在這個目錄下，會再用子目錄來分類應用程式的次級元件。

以我們的應用程式為例，可以這樣配置檔案：

```
journal/
  frontend/
  redis/
  fileserver/
```

在每個目錄裡，都有定義該項服務所需的具體 YAML 檔案。稍後各位會看到，當我們開始把應用程式部署到多個不同的地區或叢集時，這種檔案佈局就會變得更形複雜。

以部署來建立複製的服務

要描述我們的應用程式，就要先從前端開始、然後逐步深入。日誌的前端應用程式，是一個以 TypeScript 撰寫的 Node.js 應用程式。本書因篇幅緣故無法包含完整的應用程式（*https://oreil.ly/70kFT*）。該應用程式會在 8080 號通訊埠公開一個 HTTP 服務，以便處理送往 */api/** 路徑的請求，同時再以 Redis 擔任後端，負責新增、刪除或傳回目前的日誌項目。這個應用程式可以透過上述網址路徑中所含的 Dockerfile 建置成容器映像檔，再推送到你自己的映像檔儲存庫。然後修改 YAML 範例的映像檔名稱即可。

管理映像檔的最佳實務做法

雖說建置和維護容器映像檔並非本書範疇，但還是需要討論一下映像檔的建置與命名。一般說來，建置映像檔的過程很容易受到所謂的「供應鏈攻擊」。發生這種攻擊時，心懷不軌的使用者會經由可信的來源，把程式碼或二進位資料植入到過程中的某一個依存元件（dependency），進而傳入你的應用程式。基於這種攻擊帶來的風險，在建立你自己的映像檔時，務必要參照眾所周知、而且安全可信的映像檔來源。又或者，你應該從頭建置所有自用的映像檔。要從頭建置映像檔，對於某些有辦法建置靜態二進位檔的語言（例如 Go 語言）來說並不困難，但對於 Python、JavaScript 或是 Ruby 這類直譯式語言來說，過程顯然就要複雜得多。

另一個與映像檔息息相關的實務就是命名方式。儘管映像檔登錄所中的容器映像檔版本應該會變來變去，各位還是應該將版號標籤視為不變的事實。像是結合某映像檔建置時的語意化版本和該次提交的 SHA 雜湊值，就是很好的命名做法（例如 *v1.0.1-bfeda01f*）。如果你不指定映像檔版本，預設就會加上最新版的字樣（`latest`）。雖說這在開發時很方便，但在正式使用時卻不是個好主意，因為「最新版」這個字樣的意義很明顯會在每一次建置新映像檔時而有所變異。

建立複製的應用程式

我們的前端應用程式是**無狀態的**（*stateless*）；亦即它完全仰賴後端的 Redis 來決定其狀態。因此我們可以隨意地複製它，而不會影響到流量。雖說我們的應用程式不太可能一直都處於大規模使用的狀態，但是萬一發生始料未及的故障、或是需要不中斷服務地發行新版本應用程式時，若能保持至少兩份抄本同時運作，會是一個不錯的做法。

在 Kubernetes 裡，抄本集合（ReplicaSet）是一個專責複製容器化應用程式的資源（resource），所以不應直接使用它。相反地，你應該使用的是部署（Deployment）這種資源。Deployment 兼具了 ReplicaSet 的複製能力、以及版本控管與執行分段式部署的能力。透過 Deployment，你可以運用 Kubernetes 內建的工具，將應用程式移轉到下一個版本。

以我們的應用程式來說，Kubernetes 的 Deployment 資源會像這樣：

```
apiVersion: extensions/v1beta1
kind: Deployment
metadata:
```

```yaml
    labels:
      app: frontend
    name: frontend
    namespace: default
  spec:
    replicas: 2
    selector:
      matchLabels:
        app: frontend
    template:
      metadata:
        labels:
          app: frontend
      spec:
        containers:
        - image: my-repo/journal-server:v1-abcde
          imagePullPolicy: IfNotPresent
          name: frontend
          resources:
            requests:
              cpu: "1.0"
              memory: "1G"
            limits:
              cpu: "1.0"
              memory: "1G"
```

這份 Deployment 裡有幾件值得注意的事。首先，我們利用了標籤（Labels）來識別 Deployment 及 ReplicaSet，還有 Deployment 所建立的 pods。此外還替所有資源加上了 `app: frontend` 這樣的標籤，以便在單一請求中可以檢視特定某一層的所有資源。之後陸續加入其他資源時，各位就可以看出我們一直恪遵這個實務做法。

此外，我們還在 YAML 檔中加上了數處註解。雖說註解不會成為伺服器上儲存的 Kubernetes 資源，但就像程式碼中的註解一樣，其用意在於協助引導初次閱讀這份組態資訊的人。

各位也應該注意到，我們對 Deployment 的容器設置了 Request 和 Limit 兩種資源請求，同時讓 Request 的內容與 Limit 一致。在應用程式運行時，Request 的值保留給執行該請求的主機。Limit 的值則代表容許該容器使用的資源上限。在一開始時，把 Request 設成與 Limit 一致，可以讓應用程式的行為更易於預測。這種可預測性的代價就是資源的利用率。因為把 Request 和 Limit 設成一樣，等於限制了應用程式超額使用閒置資源的能力，這樣一來，除非你能極度謹慎地調校 Request 和 Limit 的值，不然就無法達成最大的使用率。一旦你能更進一步地掌握 Kubernetes 的資源模型，就可以考慮分別修改應用程式的 Request 和 Limit 值，但一般而言，比起被些微犧牲的利用率，大部分的使用者更看重穩定性。

已經定義 Deployment 資源之後，可以進行版本控管、並將其部署至 Kubernetes：

```
git add frontend/deployment.yaml
git commit -m "Added deployment" frontend/deployment.yaml
kubectl apply -f frontend/deployment.yaml
```

確保叢集的內容完全呼應原始碼控管的內容，也是很重要的實務之一。最佳的確保模式就是利用 GitOps 手法，利用持續整合與持續部署（Continuous Integration, CI/Continuous Delivery, CD）的自動化做法，只從原始碼控管的特定分支部署到正式環境。這種方式就能讓原始碼控管和正式環境保持一致。雖說完整的 CI/CD 管線對於簡單的應用程式來說似乎稍嫌冗餘，但自動化不但可以提供可靠性，儘早花費心力建構它絕對是有價值的。而且若要在事後才改造應用程式部署方式並加上 CI/CD，其實反而相對困難。

這個描述應用程式的 YAML 檔其實還有一些內容（例如 ConfigMap 和密語的卷冊）、以及 pod 的服務品質（Quality of Service）等等，我們會在之後的章節中檢視。

為 HTTP 流量設置外部入口

現在應用程式的容器已經部署完畢，但還沒有人能操作它。按照預設方式，叢集資源只對叢集內部開放。如要把應用程式對外公開，就必須建立一個服務（Service）和負載平衡器（load balancer），並提供一個外部 IP 位址，讓流量可以進入容器。要對外公開，其實需要用到兩種 Kubernetes 資源。首先是可以平衡 TCP 或 UDP 等流量的負載平衡器 Service。我們的例子使用的是 TCP 協定。其次則是一個 Ingress（入口）資源，它可以根據 HTTP 的路徑和主機，對請求進行智慧性路由，達到 HTTP(S) 負載平衡的效果。而像我們這般簡單的應用程式，各位也許會自忖何苦要搞什麼複雜的 Ingress 機制，但是進行到後面的章節時大家就會看到，即便是這般簡單的應用程式，也需要應付來自兩個不同服務的 HTTP 請求。此外，在網路邊緣（edge）建立一個 Ingress，也可確保未來擴展服務時有足夠的彈性[譯註 1]。

譯註 1　需要複習 Ingress 的讀者們，請參照 *https://kubernetes.io/docs/concepts/services-networking/ingress/#what-is-ingress*。

在定義 Ingress 資源之前，必須要先有一個 Kubernetes 的 Service 讓 Ingress 可以對應。這時我們會利用標籤將 Service 指向前一小節所建立的 pods。Service 的定義顯然要比 Deployment 簡單得多，就像這樣：

```
apiVersion: v1
kind: Service
metadata:
  labels:
    app: frontend
  name: frontend
  namespace: default
spec:
  ports:
  - port: 8080
    protocol: TCP
    targetPort: 8080
  selector:
    app: frontend
  type: ClusterIP
```

Service 定義好之後，就可以著手定義 Ingress 資源了。但 Ingress 不像 Service 資源，它需要讓叢集先運行一個入口控制器的容器（Ingress controller container）。運行該容器的作法有好幾種，也許是由雲端服務供應商提供、或是以開放原始碼的伺服器製作。如果你選擇自行安裝一套開放原始碼的入口供應者，最好利用 Helm package manager（*https://helm.sh*）來安裝和維護。Nginx 或 haproxy 等等都是極受歡迎的 Ingress 供應者：

```
apiVersion: extensions/v1beta1
kind: Ingress
metadata:
  name: frontend-ingress
spec:
  rules:
  - http:
      paths:
      - path: /api
        backend:
          serviceName: frontend
          servicePort: 8080
```

利用 ConfigMaps 來設定應用程式

每個應用程式都需要某種程度的組態設定。例如說每頁要顯示的日誌項目筆數、特定的背景色彩、特別要顯示的假日、或是其他類型的組態設定等等。把這類組態設定的資訊和應用程式本身分開，是實務上常見的做法。

要這樣區分的原因很多。首先是你可能會需要視環境而對同一個應用程式的二進位檔進行不同的組態設定。在歐洲也許需要啟用一個復活節大特賣，但在中國卻要等到農曆新年才有類似活動。除了環境因素要區分以外，還有敏捷性的因素。通常二進位檔的發佈會帶有好幾種不同的新功能；如果你用程式碼來啟用這些新功能，那麼唯一可以修改現行功能的做法就是建置和發佈新的二進位檔，這個過程不僅緩慢、而且代價較高。

利用組態來啟用一組特定功能，意味著你可以迅速地（而且是隨時）啟用或停用功能，以便因應使用者需求或是應用程式碼故障。你可以只開關特定功能。即使你需要還原其中部分功能以便因應效能問題、或是要修復故障，這種彈性仍然可以讓大部分的功能繼續運作。

在 Kubernetes 中，這種組態資訊係以 ConfigMap 這項資源來代表。ConfigMap 中會帶有許多成對的鍵 / 值，用來呈現組態資訊或檔案。你可以透過檔案或環境變數把這類組態資訊提交給 pod 裡的容器。設想你要設定線上日誌應用程式，讓它顯示一頁當中可以更改的日誌項目筆數。這時就可以定義 ConfigMap 如下：

```
kubectl create configmap frontend-config --from-literal=journalEntries=10
```

要設定應用程式組態，就得把組態資訊當成應用程式本身的環境變數公佈出來。要做到這一點，可以把以下資訊放到適才定義 Deployment 時的 container 容器資源當中：

```
...
# Deployment 中位於 PodTemplate 下的容器陣列
containers:
  - name: frontend
    ...
    env:
    - name: JOURNAL_ENTRIES
      valueFrom:
        configMapKeyRef:
          name: frontend-config
          key: journalEntries
...
```

雖然這說明了你可以如何用 ConfigMap 來設定應用程式，但是在真實世界的 Deployment 裡，你可能需要每週，甚至更頻繁地更新組態。你可能只想靠更動 ConfigMap 本身來進行更新，但這還不算是最好的實務做法。理由如下：首先，變更組態不代表真正地為現存的 pods 觸發更新。只有當 pod 重啟時才會套用新組態。有鑑於此，這樣的發行方式並不是基於健康狀況實施、而往往是臨時或隨機的。

較好的做法，是 ConfigMap 本身也加上版本編號。不要命名為 `frontend-config`、而是命名為 `frontend-config-v1`。當你需要進行變更時，不要更動現有的 ConfigMap，而是另外建立一個 `v2` 版本的 ConfigMap，然後用這個新的組態去更新 Deployment 資源。進行此一動作時，Deployment 的發行是自動觸發的，在兩次變動之間有適當的健康檢查和停頓。此外，如果你需要還原，前一版的組態還存在叢集當中，因此還原不過是再更新一次 Deployment 而已。

以 Secrets 管理認證

到目前為止，我們尚未談到前端要連結的 Redis 服務。但是在任何真實的應用程式中，服務之間的連線都必須受到安全防護。這一方面是為了要保護使用者及其資料的安全性，而另一方面則是因為必須防止誤將研發用前端連接到正式資料庫的緣故。

Redis 資料庫使用簡單的密碼來認證。你也許覺得把密碼儲存在應用程式的原始碼中、或是映像檔中的某個檔案裡，反而比較方便，但這兩種做法都不可取。原因很多，首先是你等於把自己的密語（secret，亦即密碼）放到一個不一定會考慮存取控制的環境當中。若是把密碼放到原始碼控管機制當中，等於讓有權接觸原始碼的人同時也能取得所有密語。這並不妥當。也許你會讓形形色色的使用者可以取得原始碼，但真正有權取用 Redis 實例的人卻不該這麼多。同樣地，對於可以取得容器映像檔的人，不必要連正式資料庫的取用權也一併奉上。

除了對於存取控制的考量外，另一個要避免把密語和原始碼控管或映像檔綁在一起的原因，則是參數化（parameterization）。你想要在各種環境中（例如開發、測試和正式環境）使用相同的原始碼。要是把密語嵌入到原始碼或映像檔裡，就得為每個環境準備不一樣的映像檔（或改寫程式碼）才能避免一樣的密碼被用來打通關。

看到前一小節提過的 ConfigMaps 後，你也許馬上就會聯想到，可以把密碼儲存成組態設定、再以專用組態的形式傳入給該應用程式。對於把密語和應用程式分開看待、就像把組態和應用程式分開看待一樣，這一點並沒有錯。但是事實是，密語本身就是一項重要的概念。你可能要以不同於組態的方式來處理密語的存取控制、操作，及更新。更重要的是，要讓你的開發人員認為取用組態和取用密語就是兩回事才行。有鑑於此，Kubernetes 特別內建了一個稱為 Secret 的資源，用來管理密語資料。

你可以這樣替 Redis 資料庫建立密語化的密碼：

```
kubectl create secret generic redis-passwd --from-literal=passwd=${RANDOM}
```

很顯然地你會想要用亂數以外的內容做為密碼。此外你可能也會想要利用一個密語 / 密鑰（secret/key）管理服務，不論是由雲端服務供應商提供、像是微軟的 Azure Key Vault，還是開放原始碼專案、如 HashiCorp 的 Vault 等等。如果使用密鑰管理服務時，通常與 Kubernetes 的 secrets 結合會更為緊密。

在 Kubernetes 裡，預設的密語儲存方式是不加密的。如果你要以加密形式儲存密語，就必須將 key provider 整合進來，以便產生一組密鑰、讓 Kubernetes 用來加密叢集中的所有密語。注意，雖然這可以讓密鑰抵禦對於 etcd 資料庫的直接攻擊，你仍需確保經由 Kubernetes 的 API 伺服器進入的存取動作是安全的。

當你以密語形式將 Redis 的密碼放進 Kubernetes 後，就需要在部署 Kubernetes 應用程式時、把密語和運行的應用程式互相結合（*bind*）。要達到這個目的，可以利用 Kubernetes 的卷冊（Volume）。Volume 可以是一個檔案、也可以是一個資料夾，你可以將其掛載到一個運行容器中的指定位置。密語形式的 Volume 會先建立在一個以 RAM 記憶體為基礎的 tmpfs 檔案系統上，然後才掛載到容器裡。就算機器本身遭到入侵（在雲端不太可能發生，但自有機房就不無可能），這種做法就可以確保密語更難被攻擊者取得。

要在 Deployment 裡加上密語卷冊，必須在描述 Deployment 的 YAML 檔案中指定兩個新項目。首先是可以把卷冊加到 pod 裡的卷冊項目（volume entry）：

```
...
  volumes:
  - name: passwd-volume
    secret:
    secretName: redis-passwd
```

一旦 pod 裡有了卷冊，就必須將其掛載至特定容器。這個動作必須透過描述容器的 volumeMounts 欄位來做：

```
...
  volumeMounts:
  - name: passwd-volume
    readOnly: true
    mountPath: "/etc/redis-passwd"
...
```

這會把密語卷冊掛載到名為 `redis-passwd` 的目錄下，以便讓用戶端程式碼取用。改寫過的完整 Deployment 內容如下：

```
apiVersion: extensions/v1beta1
kind: Deployment
metadata:
  labels:
    app: frontend
  name: frontend
  namespace: default
spec:
  replicas: 2
  selector:
    matchLabels:
      app: frontend
  template:
    metadata:
      labels:
        app: frontend
    spec:
      containers:
      - image: my-repo/journal-server:v1-abcde
        imagePullPolicy: IfNotPresent
        name: frontend
        volumeMounts:
        - name: passwd-volume
          readOnly: true
          mountPath: "/etc/redis-passwd"
        resources:
          requests:
            cpu: "1.0"
            memory: "1G"
          limits:
            cpu: "1.0"
            memory: "1G"
      volumes:
        - name: passwd-volume
          secret:
            secretName: redis-passwd
```

到此我們已經設定好用戶端應用程式向 Redis 服務認證時所需的密語。設定 Redis 使用同一密碼的方式差不多；只是要把密語卷冊改成掛載到 Redis 的 pod 裡、再從卷冊對應而來的目錄和檔案取得密碼。

部署簡單的有狀態資料庫

雖然部署有狀態的應用程式，其概念與部署用戶端（例如我們的前端）相去不遠，但是狀態卻會讓事情變得更複雜。首先，Kubernetes 裡的 pod 會因數種因素而重新配置，例如節點的健康狀態、有升級要進行、或是重新調配負載平衡等等。一旦發生這些情形，pod 可能就會移動至另一部機器。如果與 Redis 實例有關的資料正好位於特定的機器之上、或是正好就在容器裡，那麼就會因容器移動或重啟而失去資料。要避免這一點，當你在 Kubernetes 中運行有狀態的工作負載時，務必要改用遠端的 *PersistentVolumes* 來管理應用程式的相關狀態。

在 Kubernetes 裡實作 PersistentVolumes 的方法有很多種，但它們都有共同的特徵。就像先前介紹過的密語卷冊那樣，它們都會跟某個 pod 有關聯、而且要掛載到容器內的特定位置。但跟密語不同的是，PersistentVolumes 通常位於遠端的儲存裝置上、並透過某種網路協定掛載，例如檔案式的 Network File System（NFS）或 Server Message Block（SMB）、或是區塊式的 iSCSI（例如某些雲端硬碟等等）。通常對於資料庫這樣的應用程式而言，區塊式掛載的磁碟會因效能好而較受歡迎，但如果效能並非首要考量，檔案式掛載的磁碟有時比較有彈性。

狀態的管理相當複雜，而 Kubernetes 也不例外。如果你所使用的環境正好支援有狀態的服務（例如 MySQL as a service、Redis as a service 等等），最好就不客氣地採用這些有狀態的服務。有狀態的軟體即服務（Software as a Service, SaaS）一開始也許看似成本高昂，但是當你面臨所有跟狀態有關的維運需求（備份、資料地區、容錯冗餘等等），還有 Kubernetes 叢集裡的狀態會讓應用程式在叢集間移動愈形困難時，這時儲存裝置的 SaaS 很顯然對大部分的案例來說都是值得的。如果是自有的環境，沒有儲存裝置的 SaaS 可用，這時成立一個專屬團隊負責全公司的儲存裝置即服務（storage as a service），絕對比讓各部門自己搞一套要實際得多。

要部署 Redis 服務，我們必須用到 StatefulSet 這個資源。StatefulSet 是在 Kubernetes 面世後才加入、作為 ReplicaSet 資源的補充功能，它提供一些更好的保障，像是一致的命名方式（不再是亂數般的雜湊值了！）、有既定的規模調節順序等等。當你部署的環境單純時，這似乎並不打緊，但當你部署到需要複製的狀態時，這些屬性就十分方便了。

要替 Redis 取得 PersistentVolume，必須透過 PersistentVolumeClaim。你可以把這種聲請（claim）看作是「對資源的要求」。我們的 Redis 會以抽象的方式宣告它需要 50 GB 的儲存空間，而 Kubernetes 叢集就會判斷如何開通一個適當的 PersistentVolume。這樣做的理由有二。首先，這樣我們就可以撰寫一個能在不同的雲端和自有機房之間轉移（portable）的 StatefulSet，而兩者之間很可能有完全不同的磁碟配置細節。其次，雖然 PersistentVolume 有很多類型可以掛載到單一 pod 上（而且只能一個），我們卻可以透過卷冊聲請（volume claims）來撰寫一個供複製的範本，然後讓每個 pod 都分配到自己獨有的 PersistentVolume。

以下範例說明 Redis 中帶有 PersistentVolumes 的 StatefulSet：

```
apiVersion: apps/v1
kind: StatefulSet
metadata:
  name: redis
spec:
  serviceName: "redis"
  replicas: 1
  selector:
    matchLabels:
      app: redis
  template:
    metadata:
      labels:
        app: redis
    spec:
      containers:
      - name: redis
        image: redis:5-alpine
        ports:
        - containerPort: 6379
          name: redis
        volumeMounts:
        - name: data
          mountPath: /data
  volumeClaimTemplates:
  - metadata:
      name: data
```

```
    spec:
      accessModes: [ "ReadWriteOnce" ]
      resources:
        requests:
          storage: 10Gi
```

這會部署單一實例的 Redis 服務，但假設你要的是複製 Redis 叢集以便因應增加的讀取規模、同時提供故障應對機制。這樣就必須把抄本（replicas）數目增加到三個，但同時也須確保兩個新抄本都會連到相同的 Redis 主要寫入服務。

當你為 Redis 的 StatefulSet 建立 headless Service 時，它會產生一個名為 `redis-0.redis` 的 DNS 紀錄；這是第一份抄本的 IP 位址。你可以利用它寫一個簡單的指令稿，以便發動其餘的容器：

```
#! /bin/sh

PASSWORD=$(cat /etc/redis-passwd/passwd)

if [[ "${HOSTNAME}" == "redis-0" ]]; then
  redis-server --requirepass ${PASSWORD}
else
  redis-server --slaveof redis-0.redis 6379 --masterauth ${PASSWORD} --
requirepass ${PASSWORD}
fi
```

然後把這個指令稿製作成 ConfigMap：

```
kubectl create configmap redis-config --from-file=./launch.sh
```

然後就可以把這個 ConfigMap 加到 StatefulSet 裡、再把它當成容器啟動後的的執行指令（command）。我們把剛做好的認證用密碼也放進去。

完整的 Redis 三份抄本會像這樣：

```
apiVersion: apps/v1
kind: StatefulSet
metadata:
  name: redis
spec:
  serviceName: "redis"
  replicas: 3
```

```
selector:
  matchLabels:
    app: redis
  template:
    metadata:
      labels:
        app: redis
  spec:
    containers:
    - name: redis
      image: redis:5-alpine
      ports:
      - containerPort: 6379
        name: redis
      volumeMounts:
      - name: data
        mountPath: /data
      - name: script
        mountPath: /script/launch.sh
        subPath: launch.sh
      - name: passwd-volume
        mountPath: /etc/redis-passwd
      command:
      - sh
      - -c
      - /script/launch.sh
    volumes:
    - name: script
      configMap:
        name: redis-config
        defaultMode: 0777
    - name: passwd-volume
      secret:
        secretName: redis-passwd
volumeClaimTemplates:
- metadata:
    name: data
  spec:
    accessModes: [ "ReadWriteOnce" ]
    resources:
      requests:
        storage: 10Gi
```

以服務建立一個 TCP 負載平衡器

我們已經部署好一個有狀態的 Redis 服務，如果要讓前端能夠使用它，需要在 Kubernetes 裡再建立兩種不同的 Services。首先，是從 Redis 讀取資料的 Service。由於 Redis 會把資料抄寫到 StatefulSet 中所有的三個成員，因此我們不用管讀取請求會往哪走。因此只須建立基本的 Service 供讀取即可：

```
apiVersion: v1
kind: Service
metadata:
  labels:
    app: redis
  name: redis
  namespace: default
spec:
  ports:
  - port: 6379
    protocol: TCP
    targetPort: 6379
  selector:
    app: redis
  sessionAffinity: None
  type: ClusterIP
```

但若要啟用寫入，就必須以主要的 Redis（master，亦即 replica #0）為寫入對象。這時就得建立一個 *headless* 的 Service。所謂的 headless Service 不使用叢集 IP 位址[譯註 2]；而是為 StatefulSet 中的每一個 pod 準備一筆 DNS 紀錄。亦即我們可以透過 `redis-0.redis` 這個 DNS 名稱來取用主要的 Redis：

```
apiVersion: v1
kind: Service
metadata:
  labels:
    app: redis-write
  name: redis-write
spec:
  clusterIP: None
  ports:
  - port: 6379
  selector:
    app: redis
```

譯註 2 所以以下的 clusterIP 欄位的內容會是 None。

這樣一來，當我們要連接 Redis 以便寫入、或是進行與交易相關的讀 / 寫時，就可以建立一個獨立的寫入用戶端、並連接到 `redis-0.redis-write` 伺服器。

以 Ingress 把流量轉送給靜態檔案伺服器

應用程式的最後一個組件，就是**靜態檔案伺服器**（*static file server*）。靜態檔案伺服器的用途在於提供 HTML、CSS、JavaScript 和影像等檔案。若能把靜態檔案服務和先前所述的 API 服務前端分離，不但比較有效率、也較容易各司其職。我們可以藉由 NGINX 之類的現成高效能靜態檔案伺服器來提供檔案，同時讓開發團隊只需專注在實作 API 所需的程式碼即可。

還好，入口資源（Ingress resource）簡化了這種迷你型微服務（mini-microservice）架構的來源。只需像前端一樣利用一個 Deployment 資源來描述複製的 NGINX 伺服器即可。我們可以把靜態影像放到 NGINX 的容器內，再將其部署到每份抄本就好。這個 Deployment 資源會寫成這樣：

```
apiVersion: extensions/v1beta1
kind: Deployment
metadata:
  labels:
    app: fileserver
  name: fileserver
  namespace: default
spec:
  replicas: 2
  selector:
    matchLabels:
      app: fileserver
  template:
    metadata:
      labels:
        app: fileserver
    spec:
      containers:
      - image: my-repo/static-files:v1-abcde
        imagePullPolicy: Always
        name: fileserver
        terminationMessagePath: /dev/termination-log
        terminationMessagePolicy: File
        resources:
          request:
            cpu: "1.0"
```

```
            memory: "1G"
          limits:
            cpu: "1.0"
            memory: "1G"
      dnsPolicy: ClusterFirst
      restartPolicy: Always
```

現在，已經有一組複製的靜態網頁伺服器開始運作了，你可以用同樣的方式建立一個 Service 資源來擔任負載平衡器：

```
apiVersion: v1
kind: Service
metadata:
  labels:
    app: fileserver
  name: fileserver
  namespace: default
spec:
  ports:
  - port: 80
    protocol: TCP
    targetPort: 80
  selector:
    app: fileserver
  sessionAffinity: None
  type: ClusterIP
```

現在你有一個 Service 擔任靜態檔案伺服器、也延伸了 Ingress 資源以便納入新路徑。特別要注意的是，這裡你必須把路徑 / 放在路徑 /api 的後面，不然前者就會含括到後者的範圍、把後者吸收掉，導致原本的 API 請求被轉往靜態檔案伺服器。新的 Ingress 要寫成這樣：

```
apiVersion: extensions/v1beta1
kind: Ingress
metadata:
  name: frontend-ingress
spec:
  rules:
  - http:
      paths:
      - path: /api
        backend:
          serviceName: frontend
          servicePort: 8080
      # 注意：以下內容必須放在 /api 或其他目錄之後，不然會把網頁請求都吃掉
```

```
- path: /
  backend:
    serviceName: fileserver
    servicePort: 80
```

利用 Helm 將應用程式參數化

截至目前為止，每一件我們探討過的內容都著重在如何把單一實例部署到單一叢集裡。然而在現實中，幾乎每一種服務和每一個服務團隊都需要部署到多個不同的環境（甚至是共用一個叢集）。就算你只是負責一個應用程式的一匹狼設計師，可能也還是要用到至少一個開發版本和一個正式版本，這樣才能重複開發動作、而不至於中斷正式環境的使用者。而當你考慮到整合測試及 CI/CD 的作法時，就算只有單一服務和少數幾位開發人員，至少也會有三套不同的環境，若是再考慮到要因應資料中心損毀的狀況，甚至還會再多一組環境[譯註 3]。

很多團隊一開始的故障復原模式就是把檔案從一個叢集複製到另一個叢集。這時不再只有單獨一個 *frontend/* 目錄，而是分成 *frontend-production/* 和 *frontend-development/* 這一對目錄。這樣做其實風險非常大，理由在於你現在必須負責確保兩邊的檔案要同步一致。如果原本就刻意要保持一致也還好，但是就怕因為你要開發新功能而造成兩邊有偏差；這時就必須要能夠好好地管理這刻意形成的偏差。

另一種做法就是利用分支和版本控管，再搭配源自中央儲存庫的正式與開發環境分支，而且分支之間的差異必須明確可辨。對於某些團隊來說這種作法較為可行，但是當你要同步將軟體部署到不同環境時（例如一個會部署到好幾個不同地理區域雲端的 CI/CD 系統），在分支之間移動的機制就會變得很棘手。

有鑑於此，大多數的人會選擇改用**範本系統**（*templating system*）。所謂的範本系統由各種範本組成，而範本就是應用程式組態的核心骨幹，並以參數（parameters）來**調節**（*specialize*）範本，使其適用於特定的環境組態。這樣一來就只需共用同一份組態，再依需求特意修改即可（修改必須簡單易懂）。Kubernetes 裡有好幾種不同的範本系統，但當下最受歡迎的是 Helm（*https://helm.sh*）。

在 Helm 裡，應用程式會被包裝成一個內有許多檔案的集合，這個集合稱為**圖表**（*chart*，在容器和 Kubernetes 的圈子裡，總少不了這類航海題材的幽默——chart 有航海圖之意）。

譯註 3　就是災難復原（disaster recovery, DR）環境。

圖表都始於 *chart.yaml* 這個檔案，它定義了圖表本身的中介資料（metadata）：

```
apiVersion: v1
appVersion: "1.0"
description: A Helm chart for our frontend journal server.
name: frontend
version: 0.1.0
```

這個檔案會放在圖表的根目錄（例如 *frontend/*）。而在這個目錄裡會有一個範本（*templates*）子目錄，所有的範本都放在這裡。一份範本其實就像上例一樣，是一個 YAML 檔案，但其中有些資料值會被參照的參數所取代。例如說，設想你要把前端的抄本數目參數化。先前的 Deployment 本來長得是這樣：

```
...
spec:
  replicas: 2
...
```

而在範本檔案裡（*frontend-deployment.tmpl*）會變成這樣：

```
...
spec:
  replicas: {{ .replicaCount }}
...
```

這代表當你用圖表進行部署時，會依適當的參數代入抄本的數目。參數本身則是另外定義在 *values.yaml* 檔案中。每個應用程式部署環境都會對應一個參數值檔案。而以上這個簡單示範圖表的參數值檔案就會像這樣：

```
replicaCount: 2
```

把前後內容組起來，就可以用 `helm` 工具部署這個圖表，像這樣：

```
helm install path/to/chart --values path/to/environment/values.yaml
```

這樣就可以把應用程式參數化、然後部署到 Kubernetes 了。隨著時間進展，這些參數化的內容會日漸累積，涵蓋各種不同的應用程式環境。

部署服務的最佳實務做法

Kubernetes 雖然看似複雜，卻是極為強大的系統。但只要依循最佳實務作法著手，要成功地設置一套基礎的服務並不難：

- 大部分的服務都應以 Deployment 資源部署。Deployment 會建立一致的抄本，以便因應冗於容錯和調節規模等需求。
- Deployments 可以藉由 Service 公開，其實就是一個負載平衡器。Service 可以只對叢集內公開（預設模式）、也可以對外公開。如果你要公佈一個 HTTP 應用程式，可以利用一個 Ingress 控制器，把請求轉送和 SSL 等內容放進去。
- 你遲早都必須把應用程式參數化，這樣才可以在其他環境中重複引用它的組態。Helm（*https://helm.sh/*）之類的封裝工具是參數化的最佳選擇。

總結

本章所建立的應用程式相當簡單，但它卻含括了幾乎所有必備的概念，讓你可以建構出更龐大、更複雜的應用程式。了解這些組件是如何拼裝起來的、同時學習如何使用 Kubernetes 的基礎元件，是成功運行 Kubernetes 的關鍵。

透過版本控管、程式碼審閱和持續交付你的服務，藉此建立正確的基礎，不論你建置的內容為何，都可以確保建構方式堅固無虞。隨著之後的章節會介紹更多進階題材，屆時請務必把本章的基礎資訊牢記在心。

第二章

開發人員的工作流程

當初建立 Kubernetes 的目的，就是要讓軟體可靠地運作。它具備應用程式導向的 API、自我修復的特性、還有像 Deployments 這樣在發行軟體時完全不需停機時間的有用工具，都簡化了 Kubernetes 應用程式的部署和管理。此外，即使很多叢集都是設計用來運行應用程式的正式環境，開發人員的工作流程中卻很少會用到它們，但是讓開發工作流程以 Kubernetes 為標的也同樣重要，這通常意味著要有一個叢集、或至少是叢集中的一部分，能夠保留給開發專用。設置這樣的一個叢集，以便簡化 Kubernetes 應用程式的開發，是成功導入 Kubernetes 的要素之一。很顯然地，如果沒有為叢集開發的程式碼，光有叢集本身是沒有什麼作用的。

目標

在我們解釋建置開發用叢集所應遵循的最佳實務做法之前，最好先來說明一下這類叢集的目標。顯而易見，最終的目標是要讓開發人員簡單迅速地在 Kubernetes 上建構應用程式，但是實際上該做些什麼事、又如何能讓這些事反映在開發用叢集的實際功能上？

讓我們先來區分一下，開發人員與叢集的互動分成哪些階段。

第一階段稱為**到職**（*onboarding*）。這時新進的開發人員剛剛加入團隊。這個階段的動作包括讓使用者可以登入叢集、並協助他們進行初次部署。本階段的目標就是要讓新進開發人員儘快進入狀況。你應當為這個過程指定一個關鍵績效指標（key performance indicator, KPI）的目標。一個合理的目標應該是一位使用者是否可以在不到半小時的時間中，從一無所知進展到可以在心目中描繪出應用程式現有的模樣。每當有新人加入團隊時，就該測試一下這個目標達成的成效如何。

第二階段稱為**開發**（*developing*）。這是每一個開發人員的日常動作。本階段的目標是要確保他們能快速的進行迭代和除錯。開發人員需要能反覆地將程式碼迅速推入叢集。同時還需要能簡單地測試程式碼、並在程式運作不如預期時進行除錯。這個階段的 KPI 評量會比較棘手，但你還是可以靠著測量讓 pull request（PR）或變更能夠在叢集中上線並運行所需的時間、或是調查使用者的生產力來估計 KPI，甚至兩者並行納入評量。你也可以從團隊的整體生產力評估出這個指標。

第三個階段稱為**測試**（*testing*）。這個階段往往會跟開發階段交錯進行，用意就是要在提交和合併程式碼之前、先加以驗證。本階段的目標有兩方面。首先是要讓開發人員可以在提交 PR 前先在自己的環境中進行所有的測試；其次則是在程式碼併入程式儲存庫之前，應該要能自動執行所有的測試。除了這些目標以外，你還應該設立一個 KPI，計算執行測試所花的時間。隨專案越形複雜，想當然耳測試也會花上更長的時間。一旦出現這種情形，若是能定義一小組發煙測試[譯註 1]，讓開發人員可以在提交 PR 前先用來做初步驗證，會是很有用的一件事。此外你還應該針對**測試的不穩定性**（*test flakiness*）設立嚴格的 KPI，所謂的不穩定性測試係指會偶爾發生的（或者罕見、但還是會發生的）測試失敗案例。在任何現存的專案裡，測試不穩定率若超過每一千次測試就會出現一次測試失敗，導致開發人員進度延滯（friction）。你必須確保你的叢集環境不會造成測試不穩定。有時測試的不穩定是因為程式碼本身的問題，也可能是因為開發環境受到干擾（例如資源耗盡或周遭環境混亂）而產生。你應當藉由評估測試的不穩定率、同時迅速修復不穩定的起因，來確保開發環境沒有上述問題。

建立一套開發用叢級

當人們開始考慮在 Kubernetes 上開發時，首要的選擇之一就是要不要建立一個單一的大叢集、或是讓每個開發人員擁有自己的叢集？注意只有在一個可以輕鬆地動態建立叢集的環境中（例如公有雲），這種考量才有意義。要是在一個實體環境中，單一大叢集可能就是你唯一的選擇。

但如果你真的有機會抉擇，就該認真考慮雙方的優缺點。若是選擇讓每個使用者擁有一個開發用叢集，這個方式最顯著的缺點就是代價高昂、缺乏效率，而且會讓你有一缸子不一樣的開發用叢集要傷腦筋維護。額外的成本源於每一個叢集都可能都利用率偏低。此外，放任開發人員建立不同的叢集，就會更難追蹤和回收已不再使用的資源。人人一

譯註 1　一種起碼的入門測試，證明開發內容至少是可以動作的。參閱 *https://en.wikipedia.org/wiki/Smoke_testing_(software)*。

套叢集的好處就是簡單：我指的是每個開發人員都可以自己管理自己的叢集，而且由於彼此獨立的緣故，開發人員的資源不會彼此衝突。

另一方面，單一的開發用叢集顯然就有效率得多；同樣人數的一群開發人員，共享叢集可能只需要三分之一的成本（或更少）。此外，為這類共享叢集安裝監看和日誌紀錄等服務時也會更為簡單，亦即可以更容易打造出一個對開發人員友善的叢集。共享開發用叢集的缺點則是對使用者的管理、以及開發人員之間潛在的干擾問題。由於在 Kubernetes 中新增使用者和命名空間的過程還不夠精簡順暢，你必須替新加入的開發人員發起這個過程。雖說 Kubernetes 的資源管理和基於角色的存取控制（Role-Based Access Control, RBAC）可以減少兩名開發人員的工作內容之間發生牴觸的機會，總還是有可能會有某個使用者耗掉太多資源而導致開發叢集阻滯，影響到其他的應用程式和開發人員運作。此外，你還是需要確認開發人員不會遺漏和忘記了自己建立過的資源。不過比起讓他們在自己的叢集裡亂搞，在共用環境中清理資源還是來得簡單些。

就算兩種方法都可行，通常我們還是會建議讓所有開發人員共享一個大型叢集就好。雖說開發人員之間的干擾也很棘手，還是有辦法可以加以控管，而且到頭來，成本效益和可以輕易為全部門添加新功能的能力，這些好處還是會凌駕干擾帶來的風險。但這樣一來你就必須把時間花在新人加入、資源管理、以及資源回收等程序上。我們的建議是，先試著建立一個大型叢集。隨著部門成長（也許已經很龐大），再考慮替每一個團隊或群組（10 到 20 人）分別建立一個叢集，而不是讓數百人共用一個大叢集。這樣可以讓計費和管理簡單一些。

為多名開發人員設置一個共享的叢集

設置大型叢集時，首要目標就是要讓多名使用者可以同時使用叢集、又不至於彼此干擾。要把不同的開發人員分開，最顯而易見的方式就是利用 Kubernetes 的命名空間（namespaces）。命名空間就像是開發服務的範圍，一個使用者的前端服務不會干擾到另一個使用者的前端服務。命名空間也是 RBAC 的範圍，可確保一位開發人員不會意外刪掉另一個開發人員的心血。因此，在共享叢集中以命名空間做為開發人員各自的工作空間，是很合理的做法。處理新進人員、以及建立和保護命名空間的過程，會在下一小節說明。

使用者報到

在你為命名空間指派使用者之前，必須先讓該使用者向 Kubernetes 叢集「報到」（onboard）。作法有兩種。你可以利用憑證的認證方式，為使用者產生一個新憑證，再給他們一個 *kubeconfig* 檔案用來登入，抑或是設定叢集讓它透過外部識別系統（例如微軟的 Azure Active Directory 或 AWS 的 Identity and Access Management [IAM]）來取用叢集。

一般來說，使用外部的識別系統是比較實際的，因為這樣一來你就不用維護兩套不一樣的身分來源，但在沒有辦法使用外部識別系統的情況下，還是必須回頭來倚靠憑證。還好你可以利用 Kubernetes 的憑證 API 來建立和管理這類憑證。以下就是如何將新進使用者加入到既有叢集的過程。

首先，你必須先產生一個憑證簽署請求，以便用它來產生新憑證。以下就是這個動作所需的 Go 程式：

```
package main

import (
	"crypto/rand"
	"crypto/rsa"
	"crypto/x509"
	"crypto/x509/pkix"
	"encoding/asn1"
	"encoding/pem"
	"os"
)

func main() {
	name := os.Args[1]
	user := os.Args[2]

	key, err := rsa.GenerateKey(rand.Reader, 1024)
	if err != nil {
		panic(err)
	}
	keyDer := x509.MarshalPKCS1PrivateKey(key)
	keyBlock := pem.Block{
		Type: "RSA PRIVATE KEY",
		Bytes: keyDer,
	}
	keyFile, err := os.Create(name + "-key.pem")
	if err != nil {
```

```
		panic(err)
	}
	pem.Encode(keyFile, &keyBlock)
	keyFile.Close()
	commonName := user
	// 這裡改成你要用的 email
	emailAddress := "someone@myco.com"

	org := "My Co, Inc."
	orgUnit := "Widget Farmers"
	city := "Seattle"
	state := "WA"
	country := "US"

	subject := pkix.Name{
		CommonName:         commonName,
		Country:            []string{country},
		Locality:           []string{city},
		Organization:       []string{org},
		OrganizationalUnit: []string{orgUnit},
		Province:           []string{state},
	}

	asn1, err := asn1.Marshal(subject.ToRDNSequence())
	if err != nil {
		panic(err)
	}
	csr := x509.CertificateRequest{
		RawSubject:         asn1,
		EmailAddresses:     []string{emailAddress},
		SignatureAlgorithm: x509.SHA256WithRSA,
	}

	bytes, err := x509.CreateCertificateRequest(rand.Reader, &csr, key)
	if err != nil {
		panic(err)
	}
	csrFile, err := os.Create(name + ".csr")
	if err != nil {
		panic(err)
	}

	pem.Encode(csrFile, &pem.Block{Type: "CERTIFICATE REQUEST", Bytes:
bytes})
	csrFile.Close()
}
```

然後可以這樣執行它：

```
go run csr-gen.go client <user-name>;
```

這樣就會產生兩個檔案：*client-key.pem* 和 *client.csr*。然後就可以用以下的指令稿產生和下載新憑證：

```
#!/bin/bash

csr_name="my-client-csr"
name="${1:-my-user}"

csr="${2}"


cat <<EOF | kubectl create -f -
apiVersion: certificates.k8s.io/v1beta1
kind: CertificateSigningRequest
metadata:
  name: ${csr_name}
spec:
  groups:
  - system:authenticated
  request: $(cat ${csr} | base64 | tr -d '\n')
  usages:
  - digital signature
  - key encipherment
  - client auth
EOF

echo
echo "Approving signing request." 譯註 2
kubectl certificate approve ${csr_name}

echo
echo "Downloading certificate." 譯註 3
kubectl get csr ${csr_name} -o jsonpath='{.status.certificate}' \
        | base64 --decode > $(basename ${csr} .csr).crt

echo
echo "Cleaning up" 譯註 4
kubectl delete csr ${csr_name}
```

譯註 2　核准簽署請求。

譯註 3　下載憑證。

譯註 4　清理憑證簽署請求的暫存資料。

```
echo
echo "Add the following to the 'users' list in your kubeconfig file:" 譯註 5
echo "- name: ${name}"
echo "  user:"
echo "    client-certificate: ${PWD}/$(basename ${csr} .csr).crt"
echo "    client-key: ${PWD}/$(basename ${csr} .csr)-key.pem"
echo
echo "Next you may want to add a role-binding for this user." 譯註 6
```

這個指令稿會把最終的資訊顯示在畫面上，讓你可以剪貼到 *kubeconfig* 檔案裡，以完成使用者報到。當然了，這時使用者還不具備使用權限，因此你必須對該使用者套用 Kubernetes 的 RBAC，這樣才算完成對使用者的命名空間授權。

建立安全的命名空間

開通命名空間時，第一步其實只要建立它就好。只要使用 **`kubectl create namespace my-namespace`** 就可以做到。

但其實當你建立命名空間時，必須為它加上一大票的中介資料，例如負責在命名空間中建立並部署元件的團隊聯絡資訊之類。一般說來都是以所謂註記（annotations）的方式來做這件事；你也可以利用 Jinja（*https://oreil.ly/vvtTF*）之類的範本工具來產生所需的 YAML 檔案，抑或是先建立命名空間、事後再來加上註記。一個簡單的指令稿長得會像這樣：

```
ns='my-namespace'
kubectl create namespace ${ns}
kubectl annotate namespace ${ns} annotation_key=annotation_value
```

一旦命名空間建立，就必須只開放命名空間的取用權給特定使用者，以便確保安全。這必須靠你在該命名空間中把角色綁定到使用者身上才能達成。作法就是先在該命名空間中建立一個 `RoleBinding` 物件。`RoleBinding` 長得會像這樣：

```
apiVersion: rbac.authorization.k8s.io/v1
kind: RoleBinding
metadata:
  name: example
  namespace: my-namespace
roleRef:
  apiGroup: rbac.authorization.k8s.io
```

譯註 5　將以下內容置入 kubeconfig 檔案的 users 清單之中。

譯註 6　接下來你或許要為使用者加上角色綁定（role-binding）。

```
  kind: ClusterRole
  name: edit
subjects:
- apiGroup: rbac.authorization.k8s.io
  kind: User
  name: myuser
```

然後只須執行 `kubectl create -f role-binding.yaml` 就可以建立該物件了。注意，只要更新綁定時所指向的命名空間，這個綁定是可以一再重複使用的。如果你能確認該使用者不具備其他的角色綁定，就可以肯定該命名空間是他在叢集中唯一能取用的部分。合理的做法是，把整個叢集的讀取權限也開放給該使用者；這樣一來開發人員就可以看到其他人的工作內容，以免彼此造成干擾。然而在開放這類讀取權限時應當審慎為之，因為這也涵蓋了對叢集中密語資源的讀取權限。在開發用叢集中這通常不會有什麼問題，因為大家都在同部門、而且密語也只能用在開發環境；然而如果真的要講究，那麼你就該建立更為縝密的角色定義，以便消除它讀取密語的能力。

如果你要限制特定命名空間可以消耗的資源量，可以用 ResourceQuota 替任何特定命名空間限制可以消耗的資源總量。例如說，以下的配額就會限制某命名空間裡的 pods，其 Request 和 Limit 僅能取得最多 10 個核心和 100 GB 的記憶體：

```
apiVersion: v1
kind: ResourceQuota
metadata:
  name: limit-compute
  namespace: my-namespace
spec:
  hard:
    requests.cpu: "10"
    requests.memory: 100Gi
    limits.cpu: "10"
    limits.memory: 100Gi
```

管理命名空間

現在你已經知道該如何讓新使用者完成報到、也看過如何建立命名空間以作為個別工作空間了，接下來的問題是，如何把開發人員指派到該命名空間？就像其他事物一樣，這個問題沒有絕對完美的答案；做法還是有兩種。首先是在報到的過程中給每個使用者自己一個命名空間。這種做法有用的地方在於使用者一旦報到完畢、就會有自己的專屬工作空間可以進行開發、並管理自己的應用程式。然而，讓開發人員的命名空間持續存在，反而會助長他們在開發完畢後，把過程中產生的事物四處散置在命名空間中的惡習，於是資源回收及個別資源的計費動作就會更形複雜。另一個作法是，只產生暫時的命名空間，並在指派時加上綁定的存活時間（time to live, TTL）。這樣一來開發人員就會認為叢集中的資源都只是短暫存在的，而且會在存活時間已滿時，輕易地自動化刪除整個命名空間。

在這個模型裡，當開發人員要展開新專案時，他們可以用工具分配到一個新的專案用命名空間。建立該命名空間時，可以選擇相關的中介資料，以便作為管理和計費所需。當然這份中介資料也包含了命名空間的 TTL，以及指派的開發人員、已分配到的資源（例如 CPU 和記憶體）、以及相關的團隊和開發目的等等。這份中介資料可確保有效追蹤資源的使用，並在正確的時間刪除該命名空間。

要製作一個可以依需求分配命名空間的開發工具，一定不會是件簡單的事，但簡單的工具卻不難開發。例如說，你可以用一個簡單的指令稿來達成新命名空間的分配，它會建立命名空間、並提示要加上相關的中介資料。

如果你想進一步深入整合 Kubernetes，可以改用自訂資源定義（custom resource definitions, CRDs），讓使用者透過 `kubectl` 工具動態地建立和分配新命名空間。若是時間充裕、你也有興趣鑽研，這絕對是個好的實務做法，因為它改以宣告的方式（declarative）製作命名空間，也充份運用了 Kubernetes 的 RBAC。

一旦建立了可以分配命名空間的工具，還需要再建立可以在 TTL 逾時後回收命名空間的工具。同樣地，只需一個簡單的指令稿就可以進行檢視，並刪除已經逾時的命名空間。

這個指令稿可以放到一個容器當中，然後利用 `ScheduledJob` 定期執行，例如一小時一次。把這些工具結合起來，就可以在必要時讓開發人員輕鬆地為自己的專案分配獨立資源，但這些資源也會在適當的時機回收，以確保不浪費資源，舊有的資源也不至於妨礙到新的開發。

叢集層面的服務

除了可以分配和管理命名空間的工具之外，還有一些很有用的叢級層面服務，如果在開發用叢集中能啟用它們，也是不錯的做法。首先是將日誌整合成集中式的日誌即服務（Logging as a Service, LaaS）系統。若要讓開發人員了解自己的應用程式如何運作，最簡單的做法就是讓他們把訊息寫到標準輸出（STDOUT）。雖說你可以透過 `kubectl logs` 來取得日誌，但這類日誌的長度有限、又不方便搜尋。如果改把這類日誌自動送往一個 LaaS 系統，例如某雲端服務或是另一個 Elasticsearch 叢集，開發人員就能輕易地在日誌裡搜尋相關資訊、同時也把服務中各個容器的日誌資訊集中在一起。

啟用開發人員的工作流程

當我們成功地設置了共享叢集，完成了新進應用程式開發人員的叢集報到動作之後，現在該來讓他們真正寫點東西了。記住我們當初評估的 KPI 之一，就是測量從完成報到、直到初次在叢集中執行應用程式，要花多長的時間。以上描述的報到用指令稿顯然可以迅速完成使用者認證並分配命名空間，可是如何著手開發應用程式呢？很可惜，即使有好些技術可以有助於這段過程，通常還是需要更多慣例（而非自動化）才能讓初步的應用程式跑起來。在以下的小節裡，我們會說明如何達成這一點；當然這絕非唯一的作法或答案。你還是可以選擇依樣畫葫蘆套用這個手法，抑或是自己想一套解決方案。

初步設置

要部署一個應用程式，最棘手的事項之一就是必須安排好所有的依存關係。在很多案例中，尤其是現代的微服務架構，即使只是剛剛開始開發其中一項微服務，也需要先把很多依存關係部署好，像是資料庫抑或是其他微服務等等。雖說應用程式本身的部署相當直接，但要辨識出建置完整應用程式所需的所有依存關係、並一一加以部署，過程中常充滿不怎麼令人愉悅的一再嘗試錯誤，加上不完整的指示或過時的資訊。

要因應這個問題，最好是引進一些描述及安裝依存關係的慣例。這就像 `npm install` 的方式，它會自行安裝所有必需的 JavaScript 依存關係。將來也許會有工具可以像 `npm` 一樣，替 Kubernetes 的應用程式提供這類服務，但是在那個日子到來之前，實務上還是只能靠團隊自訂的慣例為之。

慣例作法的選擇之一，就是在所有專案儲存庫的根目錄建立一支 *setup.sh* 指令稿。該指令稿負責在特定命名空間中建立所有的依存關係，以確保所有應用程式的依存關係都安排妥當。這支指令稿也許看起來會像這樣：

```
kubectl create my-service/database-stateful-set-yaml
kubectl create my-service/middle-tier.yaml
kubectl create my-service/configs.yaml
```

你可以在 *package.json* 檔案裡加上以下內容，把這支指令稿和 `npm` 整合起來：

```
{
    ...
    "scripts": {
        "setup": "./setup.sh",
```

```
        ...
      }
    }
```

有了這個設定，新進的開發人員就只需執行 `npm run setup`，就可以搞定叢集中的依存關係。以上的整合做法顯然是針對 Node.js/npm 設計的。若是其他的程式語言，想當然耳就該整合該語言特有的工具。以 Java 為例，可能就得改為整合 Maven 的 *pom.xml* 檔案。

啟用主動部署

設置好開發人員工作空間及必要的依存關係後，下一個任務就是要讓開發人員可以迅速地迭代自己的應用程式。頭一個先決條件就是要能夠建置和推出容器映像檔。我們假設你已經設置好這個部分；如果還沒有，作法請參照其他線上資源和書籍。

當你建置好並推出容器映像檔之後，下個任務就是要將它送到叢集裡。但這個案例不同於尋常的發行方式，開發人員在迭代時並不需要擔心如何維持系統可用性。因此部署新程式碼的最簡單方式就是刪掉與先前的 Deployment 相關的舊 Deployment 物件，然後建立一個指向新建映像檔的新 Deployment。當然你也可以更新既有的 Deployment，但這樣一來就會觸發 Deployment 資源中的 rollout 邏輯。雖說你可以把 Deployment 設定成迅速推出程式碼，但這種做法也會造成開發環境和正式環境的不一致，這一點十分危險、也會導致不穩定。設想，萬一你一不小心把開發中的 Deployment 組態推上正式環境；就等於在未經適當測試和發行階段間緩衝期的情況下，意外地在正式環境突然部署了新版本。基於這種作法既有風險、又不是沒有其他作法替代，自然就應該考慮直接刪除並重建 Deployment 的方式。

就跟處理依存關係時一樣，最好是用一支指令稿來進行部署。示範的 *deploy.sh* 指令稿可能會像這樣：

```
kubectl delete -f ./my-service/deployment.yaml
perl -pi -e 's/${old_version}/${new_version}/' ./my-service/deployment.yaml
kubectl create -f ./my-service/deployment.yaml
```

就跟前面一樣，你可以把這個指令稿整合到既有的程式語言工具中，這樣一來開發人員就只需執行 `npm run deploy`（仍以 JavaScript 為例）就可以把新程式碼部署到叢集中。

啟用測試和除錯

一旦使用者成功地部署了開發中版本的應用程式，就必須進行測試，而且如果發現問題，還得進行除錯。在 Kubernetes 中開發時，這件事可能會形成障礙，因為你並不一定清楚如何與叢集互動。雖說 `kubectl` 指令列（包括 `kubectl logs`、`kubectl exec` 和 `kubectl port-forward`）是達成這個任務的最佳工具，但是可能要有相當的經驗才能學會這些選項並熟練地運用它們。此外，由於工具是在終端機畫面中執行的，通常得同時開啟多個視窗，才能同時檢視應用程式的原始碼和執行效果。

要讓測試和除錯的體驗變得更順暢，就必須逐步把 Kubernetes 的工具整合到開發環境中，例如 Kubernetes 專用的 Visual Studio（VS）Code 開放原始碼延伸版本。這個延伸功能可以輕易地從 VS Code marketplace 免費安裝。一旦安裝完成，它就會自動到 *kubeconfig* 檔案中尋找既有的叢集，然後提供一個樹狀瀏覽窗格，讓你對自己的叢集一目了然。

除了可以立刻檢視叢集狀態之外，上述的整合還可以協助開發人員以直覺、容易找出的方式，透過 `kubectl` 使用工具。在樹狀檢視畫面中，如果你以滑鼠右鍵點選某個 Kubernetes 的 pod，就可以立刻利用通訊埠轉向（port forwarding）功能，把通往 pod 的網路連線直接帶往本地主機。同理，你也可以取得 pod 的日誌、甚至使用執行中容器的終端機。

將這些指令與期望中的使用者介面原型整合（例如點選滑鼠右鍵以帶出子選單），同時將這些體驗加上應用程式自身的原始碼，就算開發人員只有少許的 Kubernetes 經驗，也能迅速地上手開發用叢集。

當然了，上述的 VS Code 延伸功能並非唯一與 Kubernetes 及開發環境整合的案例；根據你的程式撰寫環境和風格，還有很多種功能可以安裝（例如 `vi`、`emacs` 等等）。

設置開發用叢集的最佳實務做法

在 Kubernetes 裡設立成功的工作流程，是提升生產力和滿意度的關鍵。遵循以下實務做法，會有助於協助開發人員儘快進入狀況：

- 將開發人員的體驗想成三個階段：報到、開發和測試。確保你所建置的開發環境可以充分支援這三種階段。

- 建置開發用叢集時，可以選擇要建立單一大叢集、抑或是每位開發人員自有一個叢集。兩者各有優缺點，但通常都認為單一大叢集是較好的做法。
- 將使用者加入叢集時，請把他們的身分識別和自有命名空間的取用權限一併加入。並設立資源限制來控管他們能使用的叢集範圍。
- 管理命名空間時，請考量如何清除舊有不再使用的資源。開發人員往往沒有清除不再使用事物的好習慣，請以自動化的方式協助清理。
- 考量並替所有使用者設置日誌和監看之類的叢集層級工具。有時候最好透過 Helm 圖表之類的範本，由你為所有使用者建立像是資料庫這類叢集層級的依存關係。

總結

現在建立 Kubernetes 叢集已經不是什麼難事，尤其是在雲端，但是讓開發人員能夠有效率地利用這類叢集就顯然沒那麼容易。考量到要讓開發人員能成功地在 Kubernetes 上建置應用程式，重點在於考慮他們的關鍵目標，如報到、迭代、測試，以及除錯等等。同理，你需要投注一些心力在相關的基本工具上，像是使用者報到、開通命名空間，以及設立基本的日誌整合這種叢集層面服務所需的工具等等。把開發用叢集和程式碼儲存庫當成進行標準化及運用最佳實務的機會，這樣才能確保開發人員的效率和良好觀感，進而成功地建置程式碼，並將其部署到正式的 Kubernetes 叢集上。

第三章

Kubernetes 的監看與日誌紀錄

在這一章裡，我們要來探討一些關於在 Kubernetes 內進行監看與日誌紀錄的最佳實務做法。我們會深入介紹各種監看模式的細節、需要蒐集的重要指數（metrics）、以及如何以原始的指數建立看板。然後我們會用範例說明如何做出 Kubernetes 叢集的監看功能。

指標與日誌

你必須先了解日誌蒐集和指數蒐集的差別。它們彼此相輔相成，但各自卻有截然不同的目的。

指數（*Metrics*）

在一段時間內測量而得的一連串數字

日誌（*Logs*）

用來對系統進行探索分析

何處會同時需要用到指數和日誌？最好的例子就是當應用程式表現差勁的時候。問題的第一道警訊也許是含有應用程式的 pod 出現顯著延遲，但指數卻不一定能有效地顯示問題。於是我們便開始研究日誌，著手調查應用程式發出的錯誤訊息。

監看的技術

黑箱監看多半專注在從應用程式外部進行的監看，傳統上在監看 CPU、記憶體、儲存設備等系統元件時都以這種方式為主。對於基礎設施層級的監看而言，黑箱監看也還是很有用，但它缺乏對於應用程式如何運作的背景知識。例如說，若要測試叢集是否健康，我們也許會試著準備一個 pod，如果 pod 成功建立，我們就知道叢集中的調度工具（scheduler）和服務尋找（service discovery）是正常的，進而假設叢集其他元件也都健康無礙。

白箱監看則專注在應用程式狀態的背景詳情上，例如 HTTP 請求的總數、500 號錯誤訊息[譯註 1]的數量、請求的延滯時間等等。透過白箱監看，我們就可以理解系統狀態「何以至此」。然後我們就能自問「為什麼磁碟空間會爆滿？」而不是只知道「噢，磁碟滿了。」

監看的模式

你也許會覺得「這有何難？我們一直都有在監看系統啊。」沒錯，如今有一些典型的監看模式同樣也適於用來監看 Kubernetes。差別只在於像 Kubernetes 這樣的平台會比傳統環境更為動態易變，而你必須改變對於如何監看這類環境的思維。例如說，在監看一個虛擬機器（VM）時，你預期該部 VM 會全天候運轉、而且所有的狀態都會保存完好。但是在 Kubernetes 裡，pods 會頻繁變動、而且十分短命，因此你的監看方式必須要能處理動態和短暫等特性。

在監看分散式系統時，有幾種不同的監看模式。

首先是 Brendan Gregg 提出的 *USE* 方法，它專注在以下內容：

- U—使用率（Utilization）
- S—飽和程度（Saturation）
- E—錯誤（Errors）

譯註 1　500 代表伺服器內部錯誤（internal server error）。

這種方法比較常用在基礎設施監看，因為將它運用在應用程式層面的監看時就會有所侷限。一般是這樣描述 USE 方法的：「針對每一項資源，檢查其使用率、飽和與否、以及錯誤的比率。」這種方法讓你得以迅速辨別出系統中的資源限制和錯誤率。例如說，若要檢查叢集中節點的網路健康狀態，就需要監看使用率、飽和與否、以及錯誤比率，以便立即辨別出任何網路瓶頸、或是網路堆疊中的錯誤。USE 方法只是大型工具箱的一部分，並非唯一可以用於監看系統的方法。

另一種監看方法稱為 *RED*，是由 Tom Willke 所提倡。RED 方法著重的是這些內容：

- R—比率（Rate）
- E—錯誤（Errors）
- D—期間（Duration）

這套哲學源自 Google 的**四大黃金警訊**（*Four Golden Signals*）：

- 延遲（Latency，花多久才回應請求）
- 流量（Traffic，系統收到多少請求）
- 錯誤（Errors，請求失敗的比率）
- 飽和與否（Saturation，你的服務使用率為若干）

舉例來說，你可以用這個方法來監看一個 Kubernetes 執行的前端服務，計算以下事物：

- 我的前端服務正在處理多少筆請求？
- 使用服務的人會收到多少筆 500 錯誤？
- 該服務是否已經不堪負荷？

如上例所示，這個方法比較著重在使用者的體驗、以及他們對服務的感受。

USE 和 RED 這兩種方法彼此相輔相成，USE 方法偏重基礎設施元件、而 RED 方法著眼於監看使用者對應用程式的體驗感受。

Kubernetes 的指數概覽

當我們對監看技術和模式有所了解之後，讓我們來看看 Kubernetes 叢集中有哪些元件需要監看。一個 Kubernetes 叢集由數種控制面（control-plane）元件及工作節點（worker-node）元件合組而成。控制面元件包括一個 API 伺服器、etcd、調度工具（scheduler）和控制器管理（controller manager）。工作節點則包括一個 kubelet、容器的執行期間（runtime）、kubeproxy、kube-dns 和 pods。你應該監看以上全部的元件，以確保叢集和應用程式的健康。

Kubernetes 會以各種方式來公開這些指數，所以我們這就來觀察一下可以用來蒐集叢集指數的各種不同元件。

cAdvisor

容器諮詢（Container Advisor，簡稱 cAdvisor）是一項開放原始碼專案，它會蒐集節點中所執行容器的資源和指數。cAdvisor 原本就內建在 Kubernetes 的 kubelet 裡，它會在叢集的每一個節點上執行。cAdvisor 透過 Linux 的控制群組（control group, cgroup）樹蒐集記憶體及 CPU 等指數。如果你不知道什麼是 cgroups，它其實是 Linux 核心的一種功能，允許為 CPU、磁碟讀寫或是網路 I/O 隔離資源。cAdvisor 也會透過 statfs 蒐集磁碟指數，而 statfs 也同樣內建在 Linux 核心之中。你不必太過擔心這些實作細節，但是你應當理解這些指數來自何處，以及你能蒐集到哪些類型的資訊。你應該將 cAdvisor 視為所有容器指數的真正起源。

指數伺服器

Kubernetes 的指數伺服器（metrics server）和 Metrics Server API 取代了已經過時的 Heapster。Heapster 在實作接收資料（data sink）的方式上有一些架構的缺陷，導致 Heapster 的核心原始碼都還需要很多外來的解決方案來因應問題。最後靠著將資源和 Custom Metrics API 整合為 Kubernetes 內部 API 而終於解決這個問題。這樣一來就可以在不變動 API 的情況下實作指數伺服器。

各位可以從兩個方面來了解 Metrics Server API 和指數伺服器。

首先，指數伺服器本身就是 Resource Metrics API 實作的典型。指數伺服器會蒐集像是 CPU 和記憶體之類的資源指數。它透過 kubelet 的 API 蒐集指數，然後將其儲存在記憶體中。Kubernetes 會在調度工具、橫向 Pod 規模調節器（Horizontal Pod Autoscaler, HPA）和縱向 Pod 規模調節器（Vertical Pod Autoscaler, VPA）中用到這些資源指數。

其次，自訂指數 API（Custom Metrics API）允許監看系統蒐集任何一種指數。於是任何監看解決方案都得以建立自己的介面，並透過該介面把監看範圍延伸到核心資源指數以外的場合。舉例來說，Prometheus 是最早建立自訂指數介面的方案之一，它允許你根據自訂的指數來使用 HPA。由於你現在可以引進佇列長度之類的指數，並依據這個可能是 Kubernetes 以外的指數來調整規模，因而可以根據你自己的應用案例更有效地調整叢集。

而現在有了標準化的 Metrics API 可資運用，於是造就了指數內容擴充到傳統 CPU 和記憶體等指數範圍以外的更多可能性。

kube-state-metrics

kube-state-metrics 是一種 Kubernetes 的附加功能，它會監看 Kubernetes 裡的物件。cAdvisor 和指數伺服器提供的是詳盡的資源使用量指數，kube-state-metrics 則著重於辨識叢集中所部署的 Kubernetes 物件狀況。

以下就是 kube-state-metrics 可以答覆的問題：

- Pods
  - 叢集中部署了多少個 pods ？
  - 有多少個 pods 處於延宕（pending）狀態？
  - 是否有足夠的資源支應 pods 請求？
- Deployments
  - 有多少 pods 處在運行狀態與期望狀態？
  - 有多少抄本存在？
  - 有多少部署已經更新？
- 節點（Nodes）
  - 我的工作節點狀態如何？
  - 我的叢集中還有多少 CPU 核心可供分配？
  - 是否有節點無法用於配置（unschedulable）？
- 工作（Jobs）
  - 工作何時啟動？
  - 工作何時完成？
  - 有多少工作失敗？

在本書付梓前，kube-state-metrics 一共會追蹤 22 種物件。但種類還會持續增加，各位可以參考 Github 儲存庫的文件（*https://oreil.ly/bdTp2*）。

我該監看哪些指數？

最簡單的答覆就是「一個都不能漏」，但如果你要監看的內容過多，就可能弄出過多的混雜資訊、而掩蓋了真正需要詳查的跡象。當你在考慮監看 Kubernetes 時，應該採取分層進行的方式，考慮以下事項：

- 實體或虛擬的節點
- 叢集的元件
- Cluster 的附加元件（add-ons）
- 使用者的應用程式

藉由這種分層的方式來監看，你就可以更輕鬆地辨別出監看系統中的正確訊號。這種做法能以更準確的手法來解決問題。例如說，如果你有 pods 呈現延宕狀態，就可以先從節點的資源使用率著手，如果一切看似正常，就可以進一步往叢集層面的元件檢查。

以下都是監看系統應注意的指數：

- 節點
  — CPU 使用率
  — 記憶體使用率
  — 網路使用率
  — 磁碟使用率
- 叢集元件
  — etcd 延滯
- 叢集附加元件
  — 叢集自動規模調節器（Cluster Autoscaler）
  — 入口控制器（Ingress controller）
- 應用程式
  — 容器記憶體使用率與飽和程度

— 容器的 CPU 使用率
— 容器的網路使用率和錯誤率
— 應用程式框架特有的指數

監看工具

可以與 Kubernetes 整合的監看工具不勝枚舉，而且每天都有新的工具出現， 其功能都與 Kubernetes 整合得更為緊密。以下列出幾種與 Kubernetes 整合良好、頗受歡迎的工具：

Prometheus

Prometheus 最早是在 SoundCloud 上所研製的開放原始碼系統，具備監看及警示工具組。自從 2012 年問世以來，許多公司及組織機構都加以採用，該專案背後有極為活躍的開發人員和使用者的社群支持。它現在是獨立的開放原始碼專案，其維護獨立於任何公司之外。為了強調獨立性、同時澄清專案自身的治理結構， Prometheus 在 2016 年加入了雲端原生運算基金會（Cloud Native Computing Foundation, CNCF），是繼 Kubernetes 之後第二個加入的知名專案。

InfluxDB

InfluxDB 是一種時序式資料庫，其設計能夠處理大量的寫入與查詢負載。它是 TICK 堆疊的組成元件之一（Telegraf、InfluxDB、Chronograf 和 Kapacitor）。InfluxDB 常被用來保管一切涉及大量時間戳記（timestamped）資料應用案例的後端儲存，例如 DevOps 所需的監看、應用程式指數、IoT 感應器的資料、以及即時分析等等。

Datadog

Datadog 為雲端等級應用程式提供監看服務，也透過軟體即服務（SaaS）形式的資料分析平台，為伺服器、資料庫、工具及服務提供監看。

Sysdig

Sysdig Monitor 是一款商用工具，專門用來替容器原生應用程式監看 Docker 和 Kubernetes。Sysdig 也允許直接整合 Kubernetes，以便你蒐集、關聯和查詢 Prometheus 的指數。

雲端供應商的工具

GCP Stackdriver

Stackdriver Kubernetes Engine Monitoring 係設計用來監看 Google Kubernetes Engine（GKE）叢集的。它會一併管理監看和日誌服務，同時具備一個介面，可以提供為 GKE 叢集訂製的儀表板。Stackdriver Monitoring 提供了視覺化效果，讓你可以觀察雲端應用程式的效能、執行時間，以及整體健康狀況。它會從 Google 雲端平台（Google Cloud Platform, GCP）、亞馬遜網路服務（Amazon Web Services, AWS）、託管的運行時間探針、以及應用程式的儀器讀數中蒐集指數、事件，以及中介資料。

微軟的 *Azure* 容器監看

Azure 容器監看（Azure Monitor for containers）是一套設計用來監看容器負載效能的新功能，而這些容器就部署在 Azure 容器實例（Azure Container Instances）或位於 Azure 的 Kubernetes 服務上的受管 Kubernetes 叢集當中。容器的監看事關重大，尤其是當你的正式叢集上有多個應用程式運行的時候。Azure 容器監看會透過 Metrics API，從 Kubernetes 的控制器、節點和容器當中蒐集記憶體和處理器指數，藉此提供視覺化的效能資訊。也會一併蒐集容器的日誌紀錄。一旦你開始監看 Kubernetes 叢集，它就會經由容器化的 Linux 日誌分析代理程式，自動地為你蒐集指數和日誌紀錄。

AWS 的 *Container Insights*

如果你曾用到亞馬遜的彈性容器服務（Elastic Container Service, ECS）、彈性 Kubernetes 服務（Elastic Kubernetes Service）、或是在 Amazon EC2 上使用其他 Kubernetes 平台，就可以透過 CloudWatch Container Insights 去蒐集、彙總、以及總結來自容器化應用程式與微服務的各種指數和日誌紀錄。這些指數包括像是 CPU、記憶體、磁碟及網路之類的資源使用率。Container Insights 同時還提供像是容器重啟失敗之類的診斷用資訊，以便協助隔離和迅速解決問題。

當你正在評估要實施何種工具來監看指數時，要素之一就是去觀察指數的儲存方式。以成對鍵 / 值提供時序資料庫的工具，會具備較為進階的指數屬性。

務必要評估你既有的監看工具，因為採行新的監看工具是需要學習曲線的，同時還有要讓工具上線運作的成本因素。目前已有很多種監看工具能與 Kubernetes 整合，因此應該先評估你已有的工具，看看它是否仍能滿足你的需求。

以 Prometheus 監看 Kubernetes

在這一節裡，我們要特別說明 Prometheus 的監看指數，它與 Kubernetes 的標籤、服務搜尋（service discovery）、以及中介資料的整合都十分良好。我們在本章實作時所憑據的高階觀點，同樣適用於其他的監看產品。

Prometheus 是一項由 CNCF（雲端原生運算基金會）主持的開放原始碼專案。它原本由 SoundCloud 開發，大部分的觀念都源於 Google 內部的監看系統 BorgMon。Prometheus 利用了成對鍵（keypairs）來實作多維度資料模型，其運作方式與 Kubernetes 標籤系統頗為相似。Prometheus 同時以方便人類判讀的格式來公開指數，範例如下：

```
# HELP node_cpu_seconds_total Seconds the CPU is spent in each mode.
# TYPE node_cpu_seconds_total counter
node_cpu_seconds_total{cpu="0",mode="idle"} 5144.64
node_cpu_seconds_total{cpu="0",mode="iowait"} 117.98
```

為了蒐集指數，Prometheus 採用抽取模式，主動取得受監看端點的指數，經過處理後交給 Prometheus 伺服器。像 Kubernetes 這樣的系統早已使用 Prometheus 格式來公開其內部指數，因此以 Prometheus 蒐集指數會更為容易。許多 Kubernetes 的周邊專案（例如 NGINX、Traefik、Istio、LinkerD 等等）同樣也採用 Prometheus 格式來公開指數資料。Prometheus 也提供匯出工具（exporters），讓你可以取得服務所發出的指數、再轉譯成 Prometheus 格式的指數。

Prometheus 的架構簡單明瞭，如圖 3-1 所示。

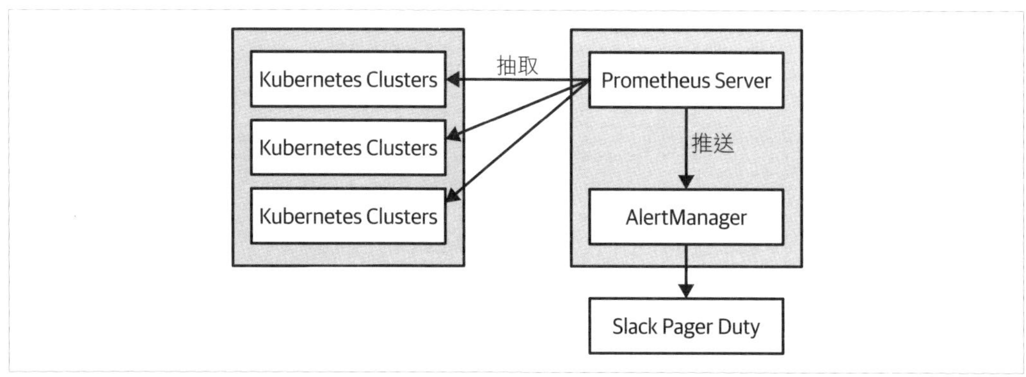

圖 3-1 Prometheus 架構

各位可以把 Prometheus 裝在受控叢集當中，也可以放在叢集外部。從一個「工具叢集」(utility cluster) 來監看你的叢集自然是較好的做法，這樣可以避免正式環境自身的問題牽連到監看系統。此外也有像是 Thanos (*https://oreil.ly/7e6Wf*) 這種為 Prometheus 提供高可用性的工具，同時可以將指數匯出至外部儲存系統。

深入鑽研 Prometheus 架構不在本書範疇之內，因此你應該參酌其他專題著作。O'Reilly 出版的 *Prometheus: Up & Running*（*https://oreil.ly/NewNE*）就是不錯的參考書。

現在讓我們來研究 Prometheus，並在 Kubernetes 叢集中把它架設起來。做法有很多種，部署方式端看你自己的實作方式而定。在本章中，我們會安裝 Prometheus 的 Operator：

Prometheus 伺服器

抽取並儲存從系統蒐集而來的指數。

Prometheus Operator

將 Prometheus 的組態設定變為 Kubernetes 原生形式，同時管理與運作 Prometheus 和 Alertmanager 叢集。你可以透過原生的 Kubernetes 資源定義來製作、銷毀和設定 Prometheus 的資源。

Node Exporter

從 Kubernetes 叢集中的節點匯出主機的指數。

kube-state-metrics

蒐集 Kubernetes 專屬的指數。

Alertmanager

可以設定警訊，將其轉送至外部系統。

Grafana

具備為 Prometheus 提供視覺化看板的能力。

```
helm install --name prom stable/prometheus-operator
```

裝好 Operator 後，應該就會在叢集中部署以下的 pods：

```
$ kubectl get pods -n monitoring
NAME                                   READY   STATUS    RESTARTS   AGE
alertmanager-main-0                    2/2     Running   0          5h39m
alertmanager-main-1                    2/2     Running   0          5h39m
alertmanager-main-2                    2/2     Running   0          5h38m
grafana-5d8f767-ct2ws                  1/1     Running   0          5h39m
kube-state-metrics-7fb8b47448-k6j6g    4/4     Running   0          5h39m
node-exporter-5zk6k                    2/2     Running   0          5h39m
node-exporter-874ss                    2/2     Running   0          5h39m
node-exporter-9mtgd                    2/2     Running   0          5h39m
node-exporter-w6xwt                    2/2     Running   0          5h39m
prometheus-adapter-66fc7797fd-ddgk5    1/1     Running   0          5h39m
prometheus-k8s-0                       3/3     Running   1          5h39m
prometheus-k8s-1                       3/3     Running   1          5h39m
prometheus-operator-7cb68545c6-gm84j   1/1     Running   0          5h39m
```

我們來看看要如何對 Prometheus 伺服器執行查詢以取得 Kubernetes 的指數：

```
kubectl port-forward svc/prom-prometheus-operator-prometheus 9090
```

這會先建立一個通道，通往 localhost 的 9090 號通訊埠。現在可以用網頁瀏覽器連到 Prometheus 伺服器了，網址為 *http://127.0.0.1:9090*。

如果你成功地在叢集中部署了 Prometheus，應該可以看到如圖 3-2 的畫面。

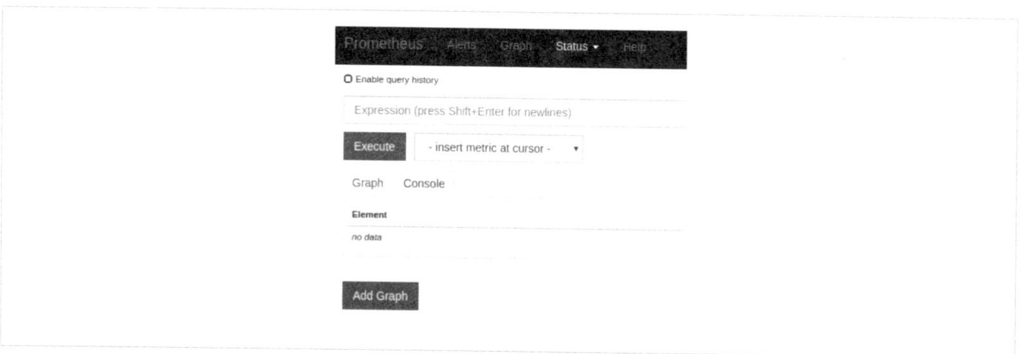

圖 3-2　Prometheus 的看板

Prometheus 部署完成之後，接下來要透過 Prometheus 的查詢語言 PromQL 來公開一些 Kubernetes 的指數。關於基本的 PromQL 指南，可參照 *https://oreil.ly/nGZYt*。

本章前面曾經提到所謂的 USE 方法，現在，就按照這個方法來蒐集一些節點指數，像 CPU 使用率和飽和程度。

在表示式（Expression）的輸入位置，請輸入以下查詢語句：

```
avg(rate(node_cpu_seconds_total[5m]))
```

這會傳回整個叢集的平均 CPU 使用率。

如果我們想要取得每個節點的 CPU 使用率，查詢就要寫成這樣：

```
avg(rate(node_cpu_seconds_total[5m])) by (node_name)
```

這要傳回的就會是叢集中每個節點的平均 CPU 使用率了。

現在你已體會到如何查詢 Prometheus 了，我們來看看 Grafana 如何協助我們，把想要追蹤的 USE 方法指數建立為具視覺化效果的看板。先前安裝的 Prometheus Operator 了不起的地方，就是它已內建若干 Grafana 看板，可以馬上引用。

現在你一樣要再建立一個通往 Grafana 的 pod 的通訊埠轉向通道（port-forward tunnel），以便從本地主機取用它：

```
kubectl port-forward svc/prom-grafana 3000:3000
```

現在把瀏覽器網址指向 *http://localhost:3000*，並使用以下資料登入：

- 帳號：admin
- 密碼：admin

在 Grafana 的看板裡，你會看到一個叫做 Kubernetes / USE Method / Cluster 的子看板。這個子看板對於 Kubernetes 的使用率及飽和程度可說一覽無遺，而這正是 USE 方法的中心精髓。圖 3-3 呈現的就是看板一例。

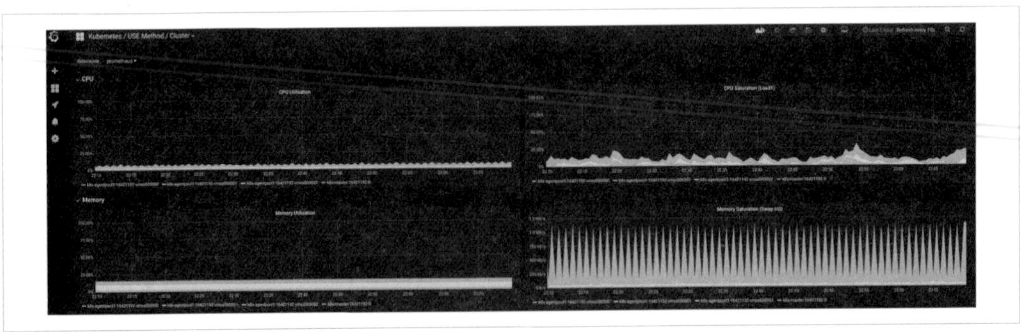

圖 3-3　一個 Grafana 的看板

請自行花些時間四下瀏覽各個不同的看板和指數，體驗一下 Grafana 的視覺化成效。

請避免建立過多的看板（所謂的「看板牆」），因為這樣一來反而在工程師排除故障時造成困擾。也許你覺得看板上的資訊多多益善，但其實多數時候這只會讓看著看板的使用者暈頭轉向。設計看板時只要專注在解法的成果和時間就夠了。

日誌概覽

到目前為止，我們已經探討過很多關於指數和 Kubernetes 的內容，但要能一窺你的環境全貌，還需要從 Kubernetes 叢集和部署在叢集上的應用程式蒐集日誌，並將日誌集中保管。

有了日誌機制，很容易就會興起「我們把一切都記錄下來吧」的念頭，但這樣就會造成兩個問題：

- 瑣碎的雜訊太多，反而有礙迅速找出問題。
- 日誌可能耗費大量資源，連帶增加成本。

究竟該記錄哪些日誌其實並沒有定論，因為除錯用的日誌已經成了必要之惡。經過一段時間之後，大家都已對自己手上的環境有更深入的認識，也知道可以把那些雜訊從日誌系統中去除。此外，為了因應與日俱增的日誌資料量，你會需要替日誌引進保留（retention）和歸檔（archival）的策略。從使用者觀點而言，保留約莫 30 到 45 天之間的歷史資料，是不錯的做法。這樣一來就可以調查已經存在夠長一段時間的問題，但又不至於因為儲存這些日誌而消耗太多資源。如果你為了法規遵循因素而需要更長期間的儲存方式，也許就該把歸檔的日誌放到更划算的儲存資源上。

在一個 Kubernetes 的叢集裡，會有好幾種元件需要日誌紀錄。以下便列出了應該從中蒐集指數的元件清單：

- 節點的日誌
- Kubernetes 的控制面日誌
  - API 伺服器
  - 控制器管理
  - 調度工具

- Kubernetes 的稽核日誌
- 應用程式容器的日誌

你應當透過節點的日誌蒐集基本節點服務的事件。例如說，你會想要從執行在工作節點上的 Docker daemon 蒐集日誌。健康的 Docker daemon 是在工作節點上運行容器的基礎。蒐集這類日誌有助於診斷 Docker daemon 可能會有的問題，而日誌可以做為 daemon 檯面下隱藏的問題線索。此外你還會想要記錄一些節點內其他基礎服務的日誌。

Kubernetes 的控制面（control plane）包含數個元件，你應該蒐集這些元件的日誌，以便充分了解其中埋藏的問題。Kubernetes 的控制面是健康叢集的核心，因此你應該把主機中儲存的日誌集中起來，像是 */var/log/kube-APIserver.log*、*/var/log/kube-scheduler.log*、*/var/log/kube-controller-manager.log* 等等。控制器管理（controller manager）會負責建立使用者所定義的物件。例如說，當你建立了一個 LoadBalancer 類型的 Kubernetes 服務，但它卻一直停在延宕（pending）的狀態；光靠 Kubernetes 自身的事件可能無法提供診斷問題所需的一切詳盡資訊。如果你能把所有日誌集中到一個中央系統，就更容易取得各種層面的詳細線索，進而加速診斷問題所在。

至於 Kubernetes 稽核日誌，請將其視為一個安全監看機制，因為它們會詳細記錄誰在系統中做了些什麼事。這類日誌往往非常瑣碎，你應該會想要做點調整。很多案例顯示，初次啟動這類日誌時常會造成日誌系統的負荷激增，因此請務必遵照 Kubernetes 文件指南，謹慎調節稽核日誌的監看。

應用程式容器的日誌則有助於了解應用程式自身發出的實際事件紀錄。你可以透過各種方式將這些日誌轉送到一個集中儲存庫。首要做法（同時也是我們建議的）便是把所有應用程式日誌送往標準輸出（STDOUT），因為這樣一來就可以統一應用程式記錄日誌的方式，而監看用的 daemon set 也可以直接從 Docker daemon 蒐集到日誌。另一種做法則是利用所謂的*邊車*（*sidecar*）模式，亦即在 Kubernetes pod 的應用程式容器旁邊運行一個專門轉送日誌的容器。萬一你的應用程式無法把日誌寫到檔案系統，可能就需要改用第二種做法。

Kubernetes 稽核日誌的管理選項及組態多不勝數。這些稽核日誌可能會非常瑣碎，而且事事都要列入紀錄的代價不便宜。你應該好好研讀稽核日誌文件（*https://oreil.ly/L84dM*），以便微調你環境中的日誌記錄方式。

日誌工具

就像蒐集指數一樣，坊間也有很多工具可以同時替 Kubernetes 本身和叢集上所執行的應用程式蒐集日誌。你手邊可能已經有這類工具了，但是請留意這些工具處理日誌紀錄的方式。工具本身應具備可以作為 Kubernetes 的 DaemonSet 執行的能力，此外如果遇到無法把日誌寫到標準輸出的應用程式，工具也應該要有能力改以邊車模式運行。運用既有的工具會是比較好的做法，因為你應該已經相當熟悉既有工具的運作。

以下是一些較受歡迎、而且與 Kubernetes 整合良好的工具：

- Elastic Stack
- Datadog
- Sumo Logic
- Sysdig
- 雲端供應商服務（GCP Stackdriver、Azure Monitor for containers、以及 Amazon CloudWatch）

當你評估用於集中日誌的工具時，請記得雲端業者提供的解決方案也許更有價值，因為它們可以替你省下大量的維運成本。自行架設日誌紀錄解決方案也許在一開始很划算，但長久下來就會變成要花費很多時間去維護它。

使用 EFK 堆疊來蒐集日誌

為展示起見，本書採用了 Elasticsearch、Fluentd 和 Kibana 三種軟體合組而成的堆疊（EFK），以便監看叢集。實作 EFK 堆疊是不錯的起點，但有時你也會捫心自問：「我真的需要管理自己的監看平台嗎？」通常是沒必要花這麼多心力做這件事的，因為自行架設日誌紀錄解決方案也許一開始很過癮，但等到一週年時就會變得繁瑣不堪了。自建的日誌紀錄解決方案會隨著你的環境規模增長而越趨複雜。故而上述疑問沒有固定的答案，你應該自行評估自己的業務環境是否真有必要自行準備解決方案。當然也有好幾種基於 EFK 堆疊的代管解決方案可供參酌，因此你隨時可以改變心意放棄自建方案。

監看堆疊會部署以下的內容：

- Elasticsearch Operator
- Fluentd（負責從 Kubernetes 環境將日誌轉送至 Elasticsearch）
- Kibana（負責將搜尋、檢視，以及與儲存在 Elasticsearch 中的日誌互動視覺化的工具）

把以下的項目清單（manifest）部署到 Kubernetes 叢集當中：

```
kubectl create namespace logging

kubectl apply -f https://raw.githubusercontent.com/dstrebel/kbp/master/
elasticsearch-operator.yaml -n logging
```

部署 Elasticsearch operator 以便集中所有轉送的日誌：

```
kubectl apply -f https://raw.githubusercontent.com/dstrebel/kbp/master/efk.yaml
-n logging
```

這會分別部署 Fluentd 和 Kibana，讓我們可以把日誌轉送到 Elasticsearch、並用 Kibana 將日誌視覺化。

你應該會看到叢集中出現以下的 pods：

```
kubectl get pods -n logging

efk-kibana-854786485-knhl5                 1/1     Running   0          4m
elasticsearch-operator-5647dc6cb-tc2st     1/1     Running   0          5m
elasticsearch-operator-sysctl-ktvk9        1/1     Running   0          5m
elasticsearch-operator-sysctl-lf2zs        1/1     Running   0          5m
elasticsearch-operator-sysctl-r8qhb        1/1     Running   0          5m
es-client-efk-cluster-9f4cc859-sdrsl       1/1     Running   0          4m
es-data-efk-cluster-default-0              1/1     Running   0          4m
es-master-efk-cluster-default-0            1/1     Running   0          4m
fluent-bit-4kxdl                           1/1     Running   0          4m
fluent-bit-tmqjb                           1/1     Running   0          4m
fluent-bit-w6fs5                           1/1     Running   0          4m
```

一旦所有的 pods 都「跑起來」（Running），就可以用本機通訊埠轉向連線到 Kibana 了：

```
export POD_NAME=$(kubectl get pods --namespace logging -l
"app=kibana,release=efk" -o jsonpath="{.items[0].metadata.name}")

kubectl port-forward $POD_NAME 5601:5601
```

用瀏覽器開啟 *http://localhost:5601* 以開啟 Kibana 看板。

要操作來自 Kubernetes 叢集的日誌，必須先建立索引。

當你初次啟動 Kibana 時，請先瀏覽管理（Management）頁籤，並建立 Kubernetes 日誌的索引模式（index pattern）。系統會引導你完成必要的步驟。

索引建好後，就可以用 Lucene 查詢語法搜尋日誌內容，就像這樣：

```
log:(WARN|INFO|ERROR|FATAL)
```

這會取出含有 warn（警告）、info（資訊）、error（錯誤）或 fatal（致命）等欄位的所有日誌。圖 3-4 顯示的就是示範輸出。

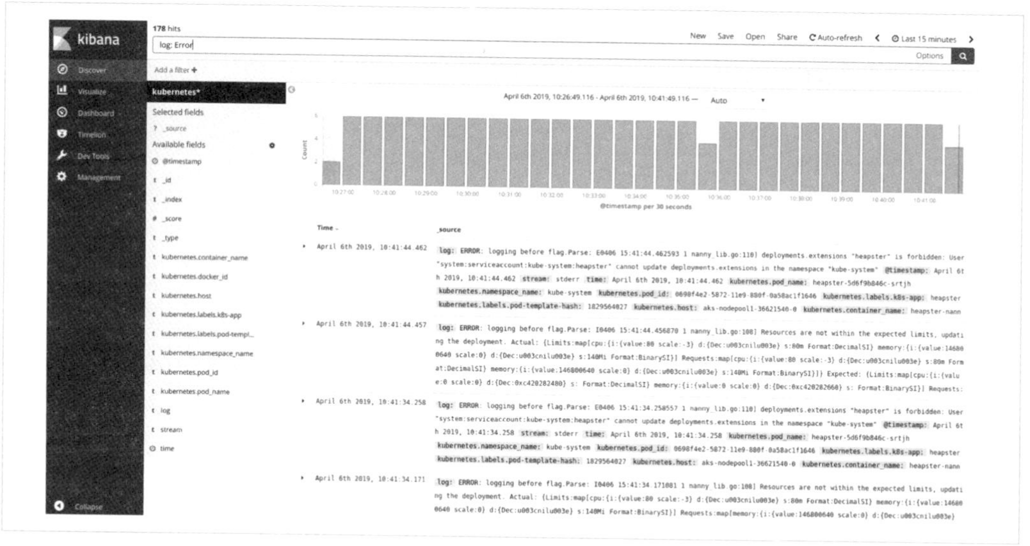

圖 3-4　Kibana 的看板

在 Kibana 裡，你可以對日誌執行特殊查詢，也可以建立包含環境一覽的看板。

請自己四下探索一番，看看 Kibana 裡有那些日誌可以加上視覺化效果。

警示

警示功能是一把雙面刃，你必須在警訊內容和只需監看的內容間取得平衡。警示太過頻繁會造成疲勞轟炸般的反效果，重要的事件反被無謂的雜訊淹沒。最好的例子，就是每次有 pod 故障時都發出警示。你也許又有疑問「為什麼我不該監看 pod 的故障？」其實 Kubernetes 美妙之處就在於它有辦法自動檢查容器健康狀況，然後自動重啟容器。你真正要專注警示的事件，應該是會影響服務水準的目標（Service-Level Objectives, SLOs）。SLOs 是一系列你向使用者提出關於服務的承諾、內容皆為可以測量的特定屬性，例如可用性、吞吐量、頻率、以及反應時間等等。定義 SLOs 等於訂下使用者期待的目標，並明確指出系統應有的行為模式。如果沒有 SLO，使用者就會只憑一己的感受做評斷，這會形成對服務的期待不切實際。替 Kubernetes 這樣的系統發出警示，需要以全新的方式為之，這與我們以往習於專注在使用者對服務觀感的作法不同。例如說，如果你為前端定義的 SLO 為反應時間在 20 毫秒以內，而當你發現延遲時間高於平均值時，就該發出問題警訊。

你必須判斷哪些警訊是需要介入處理的。在一般典型的監看時，你可能已經習慣要對 CPU、記憶體的高使用率，或是對沒反應的程序示警。這些警訊可能看似發生了問題，但其實並不代表問題真的嚴重到要有人立刻進行干預、或是必須警告值班工程師。需要警告值班工程師的問題，應該是真正需要人為介入、而且會影響到應用程式的使用者觀感（UX）的問題。如果你發現問題有「曾經自行修復」的場合，那麼就表示這種警訊還沒有嚴重到要通報值班工程師的程度。

要處理無須立刻因應的警訊，方式之一就是專注於把修復問題成因的方式自動化。舉例來說，當磁碟空間已滿時，就該自動清理日誌，以便釋出磁碟空間。此外應在應用程式部署中加上 Kubernetes 的 *liveness* **探針**（*liveness probes*），如此可有助於自動修復應用程式中某個程序忽然沒有反應的問題。

定義警訊時，你應當考慮所謂的**警訊期間的門檻值**（*alert thresholds*）；如果期間的門檻值太低，可能就會收到過於頻繁的誤警。通常會建議大家把門檻訂在至少 5 分鐘，以便濾掉一部分誤警。此外，制定一套門檻值的標準，也可避免在各種門檻值間疲於奔命。例如說，你可以訂出一套特定樣式，包括 5 分鐘、10 分鐘、30 分鐘、1 小時等等。

此外在定義警訊的通知內容時，應確保通知中含有相關的訊息，例如說，在裡面放一個像「劇本」的網址連結，內含關於故障排除的提示、或是其他有助於排除問題的資訊。此外也應該把關於資料中心、地區、應用程式負責人、以及受影響系統等資訊都包括進來。工程師可以藉助這些資訊迅速針對問題訂出因應策略。

還有，你應該建立通知的管道，以便轉送發出的警訊。在考慮「警訊觸發時應通知誰？」的時候，應避免只是把提示送給一群人（郵寄清單或群組郵件）。如果只是這樣把警訊拋給一大群人，結果就可能只會讓大家忽略這類通知，因為大家都覺得這是事不關己的雜訊。你應該只把通知發給真正負責處理問題的人。

在發出警訊時，一定不可能在一開始就做到完美無瑕，而且說不定根本就不會有完美無瑕的一天。你只需確保會逐步地改進警示機制，避免讓警訊變成疲勞轟炸，假警報會對人員和系統都造成負擔。

如果要進一步了解如何管理系統警訊，請參閱 Rob Ewaschuk 所著的「我的警示哲學」（My Philosophy on Alerting，*https://oreil.ly/YPxju*），內有他在 Google 擔任網站可靠性工程師（site reliability engineer, SRE）時的一些觀察。

監看、日誌紀錄及警示的最佳實務做法

在衡量關於監看、日誌紀錄及警示的功能時，請遵循以下公認為最佳實務的做法。

監看

- 你應該監看節點及所有 Kubernetes 元件的使用率、飽和程度、以及錯誤率，同時也要監看應用程式出現毛病的比率、錯誤內容和期間。
- 採用黑箱方式來監看系統症狀及無法預知的健康狀態變化。
- 採用白箱監看方式，以儀器讀數來檢查系統及其內部情形。
- 實施指數時序化，以便取得精準的指數資料，藉以深入了解應用程式的行為。
- 運用 Prometheus 之類的監看系統，提供密集的鍵值標籤；這樣比較容易突顯出關鍵問題的症狀。
- 運用指數平均值，將源自實際資料的小計值（subtotal）及指數均加以視覺化。同時運用指數加總（sum），將特定指數的分佈也加以視覺化。

日誌

- 你應該結合日誌紀錄和指數監看功能，以便掌握環境運作的全貌。
- 儲存超過 30 至 45 天的日誌時，應謹慎為之，必要時應改用較為便宜的儲存資源來進行長期歸檔。
- 採用邊車模式時應限制使用日誌轉發功能，因為此舉可能耗費更多資源。請考慮採用 DaemonSet 來轉發日誌，同時將日誌寫到標準輸出。

警示

- 注意過量警訊帶來的疲勞轟炸副作用，因為這反而會造成人員和程序的惰性。
- 務必持續改進警示機制，並接受機制不可能終趨完美的事實。
- 對於會影響 SLO 和客戶的現象務必示警，而不要對無須立即人為干預的短暫問題頻頻示警。

總結

在這一章中，我們探討了相關的模式、技術和工具，並運用在蒐集指數和日誌等監看系統的業務上。讀完本章後，最值得牢記在心的，就是要重新思考如何實施監看的方式，而且從一開始就要妥善進行。我們看過太多亡羊補牢的例子，而事後補救常會讓人發覺自己反而陷入對系統理解不足的困境。監看就是要對自己的系統有更深入的了解，進而改進系統彈性，然後為使用者提供更佳的體驗。監看 Kubernetes 這樣的分散式應用程式和系統需要投注更多心力，因此你必須在一開始就做好準備。

第四章

組態、密語和基於角色的存取控制

容器便於組合的特質，讓身為操作人員的我們可以在容器運行時才導入組態資料。如此就能把應用程式的功能和其運作環境分離開來。由於容器在執行期間允許環境變數傳入、或是將外部卷冊（volumes）掛載到容器的執行期間，你可以利用這種特性在應用程式實例化時有效地更改其組態。身為開發人員，務必要考慮到這種動態特性，利用環境變數、或是讓應用程式執行期間的使用者從他可以取得的特定路徑讀取組態資料。

在把密語（secrets）之類的敏感資料移入原生的 Kubernetes API 物件時，各位應該要知道 Kubernetes 如何保障 API 的使用安全。Kubernetes 中所用到最常見的安全方法，就是所謂基於角色的存取控制（Role-Based Access Control, RBAC），它以極為細緻的權限結構調整特定使用者或群組，決定他們可以對 API 做什麼動作。本章會探討若干關於 RBAC 的最佳實務做法，同時提供一點相關的背景知識。

透過 ConfigMaps 和 Secrets 設定組態

Kubernetes 允許透過 ConfigMaps 或 secret 等資源，以最純正的方式將組態資訊交給應用程式。這兩種資源主要的區別，在於 pod 如何儲存接收到的資訊，以及資料如何儲存在 etcd 資料庫內。

ConfigMaps

應用程式透過像是指令列引數、環境變數、或是系統現有的檔案等機制來取得組態資訊，是很平常的事。容器可以接受開發人員把上述組態資訊和應用程式分開來，這樣應用程式才能達到真正的可攜性（portability）。像 ConfigMap API 就可以用來接收植入的組態資訊。ConfigMaps 非常善於依照應用程式的需求調適，不但同時可以提供成對的鍵 / 值，也能提供複雜的散裝資料，像是 JSON、XML、或其他專屬格式的組態資料。

ConfigMaps 不只可以為 pods 提供組態資訊，也可以替更複雜的系統服務提供所需的資訊，諸如控制器（controllers）、使用者自訂資源定義（CRD）、operators 等等。先前提到過，ConfigMap API 原係為並不真正敏感的字串資料而設計。如果應用程式需要更敏感的資料，就應該改用 Secrets API 更為合適。

要讓應用程式使用 ConfigMap 的資料，可以透過 pod 掛載的卷冊、或是環境變數也可以。

Secrets

當你採用 ConfigMap 時所考慮到的屬性和因素，在考慮密語的使用時也一樣適用。兩者主要差異在於 Secret 的基礎本質。儲藏和處理 Secret 的資料時，作法應該要易於隱蔽，環境若有適當設定，可能的話還要能在靜止時進行加密。Secret 的資料均以 base64 編碼資訊呈現，而且各位務必要知道，這種編碼方式並非真正的加密。一旦密語進入到 pod 當中， pod 本身就可以看到明文格式的密語資料。

Secret 的資料應該短小精悍，對已以 base64 編碼過的資料來說，Kubernetes 預設可以容許的長度僅有 1 MB，因此如果考慮到編碼帶來的額外資料，實際的資料內容大約最多只能有 750 KB 左右。Kubernetes 裡一共有三種類型的密語：

通用（generic）

這種類型的密語通常只包含成對的鍵值，產生來源有檔案、目錄、或是用 `--from-literal=` 參數引進的字串字面值，就像這樣：

```
kubectl create secret generic mysecret --from-literal=key1=$3cr3t1 --
from-literal=key2=@3cr3t2`
```

`docker-registry`

如果用到 `image Pullsecret`、需要對私有的 Docker 登錄所提供身分認證的話，這是 kubelet 用來傳遞給 pod 範本用的：

```
kubectl create secret docker-registry registryKey --docker-server
myreg.azurecr.io --docker-username myreg --docker-password $up3r
$3cr3tP@ssw0rd --docker-email ignore@dummy.com
```

`tls`

這會以有效的成對公 / 私密鑰製作 Transport Layer Security（TLS）格式的密語。只要憑證（cert）為有效的 PEM 格式，這對密鑰就會編碼成為密語，再傳給 pod，供給 SSL/TLS 運作所需：

```
kubectl create secret tls www-tls --key=./path_to_key/wwwtls.key --
cert=./path_to_crt/wwwtls.crt
```

只有當節點中帶有需要密語的 pod 時，Secrets 才會掛載到 tmpfs 之中，而且會在有需求的 pod 消失後隨之刪除。此舉可以預防有任何密語遺留在節點的磁碟當中。這個動作雖然看似隱密，但各位還是要記住，密語預設是以明文形式儲存在 Kubernetes 的 etcd 儲存庫裡的，因此系統管理員或是雲端服務業者務必致力確保 etcd 的環境安全無虞，包括 etcd 節點之間的 mTLS、以及替 etcd 中的其他資料加密。最近版本的 Kubernetes 已採用 etcd3，後者自己便具備加密功能；然而這個過程需要設定 API 伺服器組態，包括指定提供者，還要指定能無誤地為 etcd 當中密語資料加密的正確密鑰媒介，全程必須手動進行。在 Kubernetes 第 1.10 版中（最近已發展到 1.12 的 beta 版）已經引進 KMS 提供者，它可以藉由第三方的 KMS 系統來保管正確的密鑰，確保密鑰程序更為安全。

ConfigMap 和 Secrets APIs 的常見最佳實務做法

使用 ConfigMap 或密語時，大部分問題源自於誤解了更新物件持有的資料時所需的變更處理方式。如果能正確地理解規則，加上一些易於遵循規則的訣竅，就可以避免上述問題：

- 想要支援動態變更應用程式、但不想重新部署新版本的 pods，請以卷冊形式掛載 ConfigMaps/Secrets，並在應用程式中設置一個 file watcher 以便偵測檔案資料變動，然後在必要時重新設定自己。以下的 Deployment 程式碼就會以卷冊形式掛載 ConfigMap 和 Secret 檔案來源：

```
apiVersion: v1
kind: ConfigMap
metadata:
    name: nginx-http-config
    namespace: myapp-prod
data:
  config: |
    http {
      server {
        location / {
        root /data/html;
        }

        location /images/ {
          root /data;
        }
      }
    }

apiVersion: v1
kind: Secret
metadata:
  name: myapp-api-key
type: Opaque
data:
  myapikey: YWRtd5thSaW4=

apiVersion: apps/v1
kind: Deployment
metadata:
  name: mywebapp
  namespace: myapp-prod
spec:
  containers:
  - name: nginx
    image: nginx
    ports:
    - containerPort: 8080
    volumeMounts:
    - mountPath: /etc/nginx
      name: nginx-config
    - mountPath: /usr/var/nginx/html/keys
      name: api-key
  volumes:
    - name: nginx-config
      configMap:
```

```
          name: nginx-http-config
          items:
          - key: config
            path: nginx.conf
      - name: api-key
        secret:
          name: myapp-api-key
          secretname: myapikey
```

使用 volumeMounts 時有幾件事值得注意。首先，一旦建立了 ConfigMap/Secret，就要以卷冊形式將其添加到 pod 的規格當中。然後將該卷冊掛載到容器的檔案系統內。ConfigMap/Secret 的每一項屬性名稱都會變成掛載目錄中的新檔案，而每個檔案的內容都會對應到 ConfigMap/Secret 中指定的值。其次，避免以 volumeMounts.subPath 這個屬性來掛載 ConfigMaps/Secrets。因為這會導致在你更新 ConfigMap/Secret 資料時，無法一併動態更新卷冊內容。

- 對於需要用到 ConfigMap/Secrets 的 pods 來說，同一個命名空間之中必須先有這些 ConfigMap/Secrets 存在，才能繼續部署相關的 pods。有些特殊旗標可以用來防止 pods 因為 ConfigMap/Secret 不存在而無法啟動。
- 請利用入境（admission）控制器來確認特定的組態資料存在，或是擋下未曾設置特定組態值的部署。例如說，你需要所有正式環境的 Java 工作負載，都必須在正式環境中先設好特定的 JVM 屬性。有一個還在 alpha 測試階段的 API，稱為 PodPresets，它允許你根據註記（annotation）來為所有 pods 套用 ConfigMaps 和 secrets，這樣就不需要額外撰寫自訂的入境控制器。
- 如果你是用 Helm 將應用程式發佈到環境之中，你可以利用 life cycle hook 來確保先部署 ConfigMap/Secret 的範本，然後才套用 Deployment。
- 有些應用程式需要以單一檔案的形式套用組態，例如一個 JSON 或 YAML 檔案。ConfigMap/Secrets 允許使用 | 字符來標註整段原始資料，如下所示：

```
apiVersion: v1
kind: ConfigMap
metadata:
  name: config-file
data:
  config: |
    {
      "iotDevice": {
```

```
        "name": "remoteValve",
        "username": "CC:22:3D:E3:CE:30",
        "port": 51826,
        "pin": "031-45-154"
      }
    }
```

- 如果應用程式是靠系統環境變數來決定其組態，各位可以採用植入 ConfigMap 資料的方式，在 pod 中建立對應環境變數。主要做法有兩種：先使用 `envFrom`，然後使用 `configMapRef` 或 `secretRef`，把 ConfigMap 中的每一對鍵 / 值掛載成 pod 中一系列的環境變數，抑或是直接用 `configMapKeyRef` 或 `secretKeyRef` 指派個別的鍵與對應值。

- 如果採用 `configMapKeyRef` 或 `secretKeyRef` 等方法，注意對應的鍵是否已經存在，如果鍵不存在就會導致相關的 pod 無法啟動。

- 如果你是透過 `envFrom` 把全部的成對鍵 / 值從 ConfigMap/Secret 載入至 pod 之中，那麼若是鍵所帶的環境變數值被認定為無效，這個鍵就不會載入成為環境變數；但是 pod 仍然可以啟動。發生這種問題時，該 pod 的事件紀錄會出現一筆 `InvalidVariableNames`，而且與該鍵值相關的訊息會被略過。以下範例便是一個參照 ConfigMap 和 Secret 作為環境變數的 Deployment 程式碼：

```
apiVersion: v1
kind: ConfigMap
metadata:
  name: mysql-config
data:
  mysqldb: myappdb1
  user: mysqluser1

apiVersion: v1
kind: Secret
metadata:
  name: mysql-secret
type: Opaque
data:
  rootpassword: YWRtJasdhaW4=
  userpassword: MWYyZDigKJGUyfgKJBmU2N2Rm

apiVersion: apps/v1
kind: Deployment
metadata:
  name: myapp-db-deploy
spec:
  selector:
```

```
      matchLabels:
        app: myapp-db
    template:
      metadata:
        labels:
          app: myapp-db
      spec:
        containers:
        - name: myapp-db-instance
          image: mysql
          resources:
            limits:
              memory: "128Mi"
              cpu: "500m"
          ports:
          - containerPort: 3306
          env:
            - name: MYSQL_ROOT_PASSWORD
              valueFrom:
                secretKeyRef:
                  name: mysql-secret
                  key: rootpassword
            - name: MYSQL_PASSWORD
              valueFrom:
                secretKeyRef:
                  name: mysql-secret
                  key: userpassword
            - name: MYSQL_USER
              valueFrom:
                configMapKeyRef:
                  name: mysql-config
                  key: user
            - name: MYSQL_DB
              valueFrom:
                configMapKeyRef:
                  name: mysql-config
                  key: mysqldb
```

- 如果需要把指令列引數傳給容器，可以利用 `$(ENV_KEY)` 內插語法來引用環境變數資料：

```
[...]
spec:
  containers:
  - name: load-gen
    image: busybox
    command: ["/bin/sh"]
args: ["-c", "while true; do curl $(WEB_UI_URL); sleep 10;done"]
```

```
ports:
- containerPort: 8080
env:
- name: WEB_UI_URL
  valueFrom:
    configMapKeyRef:
      name: load-gen-config
      key: url
```

- 以環境變數來操作 ConfigMap/Secret 的資料時，請務必牢記： ConfigMap/Secret 的資料更新時，pod 裡對應的資料**不會**跟著同步更新，而必須重啟 pod 才會更新。重啟方式包括先刪除 pods，繼而讓 ReplicaSet 控制器建立一個新的 pod，或是觸發一次 Deployment 更新，這樣就會遵照 Deployment 規格中所宣告的應用程式更新原則來進行更新。

- 如果一開始就認定所有對於 ConfigMap/Secret 的更動都必須隨之更新整個部署內容，事情會變得簡單一點；因為這樣一來，就算你使用了環境變數或是卷冊，仍然可以確保程式碼會取得最新的組態資料。為進一步簡化起見，可以利用 CI/CD 管線來更新 ConfigMap/Secret 的名稱屬性，同時一併更新部署內參照的內容，進而透過部署時的正常 Kubernetes 更新策略觸發更新。以下示範的程式碼會展示如何進行。如果你是用 Helm 把應用程式原始碼發佈到 Kubernetes，可以利用 Deployment 範本裡的註記（annotation）來檢查 ConfigMap/Secret 的 `sha256` 校驗值。只要 ConfigMap/Secret 裡的資料有變，就會觸發 Helm 以 `helm upgrade` 指令去更新 Deployment：

```
apiVersion: apps/v1
kind: Deployment
[...]
spec:
  template:
    metadata:
      annotations:
        checksum/config: {{ include (print $.Template.BasePath "/config
map.yaml") . | sha256sum }}
[...]
```

secrets 特有的最佳實務做法

有鑑於 Secrets API 中敏感資料的特性，需要的特殊最佳實務做法自然也比較多，主要都是考慮到資料本身的安全性：

- Secrets API 的原始規格描繪了一個可插拔的（pluggable）架構，允許你依需求設定實際上儲存密語的媒介。像是 HashiCorp Vault、Aqua Security、Twistlock、AWS Secrets Manager、Google Cloud KMS、或是 Azure Key Vault 之類的解決方案，都允許利用外部儲存系統，以較為高階的加密和稽核方式（優於 Kubernetes 自備機制）來放置密語資料。

- 為 serviceaccount 指派一個 imagePullSecrets，以便讓 pod 用來自動掛載密語資料，無須在 pod.spec 中宣告。你可以為應用程式所在的命名空間修改預設的服務帳號（service account），然後直接添加 imagePullSecrets。這樣一來它就會被自動加到命名空間中所有的 pods 裡面：

```
Create the docker-registry secret first 譯註 1
kubectl create secret docker-registry registryKey --docker-server
myreg.azurecr.io --docker-username myreg --docker-password $up3r$3cr3tP@ssw0rd
--docker-email ignore@dummy.com

patch the default serviceaccount for the namespace you wish to configure 譯註 2
kubectl patch serviceaccount default -p '{"imagePullSecrets": [{"name":
"registryKey"}]}'
```

- 利用 CI/CD 的功能，透過發佈管道的硬體安全模組（Hardware Security Module, HSM），從密語保險庫（secure vault）或是加密儲存庫（encrypted store）取得密語。這樣一來便權責分明了。安全管理團隊可以建立密語並進行加密，然後開發人員只需參照使用公佈出來的密語名稱即可。這也是較受歡迎的 DevOps 流程，可以讓應用程式交付過程更有彈性。

RBAC

處理大型分散式系統時，總是會需要用到一些安全機制，以便防止關鍵系統在未經授權情形下被盜用。要限制取用電腦系統資源的策略不計其數，但絕大部分都會歷經相同的階段。以海外旅遊的體驗來做譬喻，可以更有助於說明像 Kubernetes 這類系統的安全程序。我們以持有護照和簽證的旅客為例，加上海關或邊防關卡之類的譬喻來說明整個過程：

譯註 1　先建立 docker-registry 密語。

譯註 2　然後針對你要設定的命名空間修改預設的 serviceaccount。

1. 護照（認證的依據）。通常你必須持有某個政府機關核發的護照，作為驗證你身分的憑據。這就像是 Kubernetes 裡的使用者帳號（user account）一樣。Kubernetes 會仰賴外部授權機構來管理使用者認證；但服務帳號（service accounts）這類的帳號則是直接由 Kubernetes 自己管理。

2. 簽證或旅遊政策（授權）。各國都會用一份正式的短期同意書來表示允許持有他國護照的旅客入境，例如簽證。簽證還會依照自身的種類，列出訪客來訪期間可以從事的行為、以及可以留置境內的時間。這就相當於 Kubernetes 的授權。Kubernetes 有各式各樣的授權方式，但最常用的就是 RBAC。它可以為不同的 API 功能調節出非常精密的存取級別。

3. 邊防或海關（入境管理）。入境異國時，通常都會有主管人員負責檢查必備的文件和簽證，必要時還會檢查攜帶入境的物品，以確保符合當地法律規範。在 Kubernetes 裡，這個角色由入境控制器（admission controllers）擔任。入境控制器會根據既定的規範和政策來允許、拒絕、或是更改對 API 的取用請求。Kubernetes 內建多種入境控制器，像是 PodSecurity、ResourceQuota、以及 ServiceAccount 控制器等等。Kubernetes 同時也允許透過驗證或變化入境管理器來產生動態管理器。

這一小節的重點便是以上三個譬喻中最不為人所知、也最常被忽略的領域：RBAC。在我們列出相關的最佳實務之前，必須先來解釋一下 Kubernetes RBAC 的基礎知識。

RBAC 基礎知識

Kubernetes 裡的 RBAC 程序有三個主要元件需要定義：對象、規範和角色綁定。

對象

第一個元件就是對象，也就是需要檢查是否接受取用的項目。對象通常會是一名使用者、一個服務帳號、或是一個群組。如前所述，使用者和群組一樣都是由授權模組在 Kubernetes 外部處理的。這可以分為基本的認證、x.509 用戶憑證、或是不記名的 tokens。最常見的做法就是利用 x.509 用戶憑證，或是透過某種 OpenID 連線系統，像是 Azure Active Directory（Azure AD）、Salesforce、或是 Google 核發的某種不記名的 token。

Kubernetes 的服務帳號與使用者帳號的不同之處，在於前者是和命名空間一體的，並且儲存在 Kubernetes 內部；它們是用來代表程序、而非個人，而且由原生的 Kubernetes 控制器管理。

規範

簡單地說，這是一份可以對 API 中的特定單一或一群物件（資源）進行的實際動作清單。其動詞正好對應到傳統的 CRUD 操作類型（建立（Create）、讀取（Read）、更新（Update）和刪除（Delete）），但可能會再加上一點 Kubernetes 特有的動作，像是監看（watch）、列舉（list）和執行（exec）等等。這些物件會對應到各自不同的 API 元件，並依類別集結成群。以 Pod 物件為例，它屬於核心 API 的一部分，因此可以用 apiGroup: "" 參照使用，而部署則位於 app API Group 之下。這是 RBAC 程序真正的威力所在，可能也是在建立正確的 RBAC 控管時最為人畏懼和困惑的部分。

角色

角色可以為以上定義的規範界定出範圍。Kubernetes 裡有兩種角色，role 和 clusterRole，區別在於 role 只屬於特定命名空間，而 clusterRole 則在全叢集的所有命名空間中都有效。以下就是一個在命名空間範圍內定義 Role 的例子：

```
kind: Role
apiVersion: rbac.authorization.k8s.io/v1
metadata:
  namespace: default
  name: pod-viewer
rules:
- apiGroups: [""] # "" indicates the core API group
  resources: ["pods"]
  verbs: ["get", "watch", "list"]
```

角色綁定

RoleBinding 可以把使用者或群組之類的對象對映到特定的角色。綁定也有兩種方式：例如限定命名空間之內的 roleBinding，以及跨越整個叢集的 clusterRoleBinding。以下便是單一命名空間範圍內的 RoleBinding 示範：

```
kind: RoleBinding
apiVersion: rbac.authorization.k8s.io/v1
metadata:
  name: noc-helpdesk-view
  namespace: default
subjects:
- kind: User
  name: helpdeskuser@example.com
  apiGroup: rbac.authorization.k8s.io
roleRef:
```

```
kind: Role # 這裡必須是 Role 或 ClusterRole
name: pod-viewer # 這裡必須符合綁定的 Role 或 ClusterRole 名稱
apiGroup: rbac.authorization.k8s.io
```

RBAC 的最佳實務做法

要運作一個安全、可靠、而且穩定的 Kubernetes 環境，RBAC 是不可或缺的要素。RBAC 蘊藏的觀念也許很複雜；然而若能遵循若干最佳實務的做法，就可以避免被幾個常見的絆腳石困住：

- 只是開發成要在 Kubernetes 中運行的應用程式，並不太需要用到 RBAC 的角色和相關的角色綁定。只有真正需要與 Kubernetes API 直接互動的應用程式代碼，才需要 RBAC 組態。
- 如果應用程式真的需要根據加入服務的端點去更改組態、或是因為要列出特定命名空間的所有 pods，而需直接取用 Kubernetes API，最實際的做法就是建立一個新的服務帳號，然後在 pod 的規格文件中指定使用它。然後建立一個只擁有完成目標所需最基本權限的角色。
- 利用 OpenID 連線服務來管理身分識別，可能的話應啟用兩階段認證。這樣一來對身分認證的程度會較好。同時把使用者群組對映到只具備完成工作所需基本權限的角色。
- 除了上述實務以外，應該要採用所謂的短期（Just in Time, JIT）存取系統，以便讓站台可靠性工程師（SREs）、操作人員、以及需要在短期內提升權限的人完成特定任務。或者是讓這些使用者另外使用一組身分登入，而這些身分不但需要更為嚴謹的稽核，也須由綁定至某角色的使用者或群組來賦予更高的權限。
- 用來部署 Kubernetes 叢集所使用的 CI/CD 工具，應採用特定的服務帳號。以便確保叢集內的可稽核性，還有掌握誰曾在叢集內部署或刪除物件。
- 如果你使用 Helm 來部署應用程式，預設的服務帳號會是 Tiller，而且會部署到 `kube-system` 這個命名空間。最好是透過一個影響範圍僅限某命名空間的專屬 Tiller 服務帳號，再用它把 Tiller 部署到每一個命名空間。對於 prestep 這種會呼叫 Helm install/upgrade 指令的 CI/CD 工具來說，最好是以服務帳號和特定的部署命名空間來啟動 Helm 用戶端。每個命名空間的服務帳號名稱可以一樣，但命名空間的名稱則需各自區分開來。請記住，本書發刊時的 Helm v3 還處於 alpha 測試階段，其核心特性之一就是 Tiller 已經不再需要運行在叢集之中。以下就是一個包含服務帳號和命名空間 Helm Init 示範：

```
kubectl create namespace myapp-prod

kubectl create serviceaccount tiller --namespace myapp-prod

cat  <<EOF | kubectl apply -f -
kind: Role
apiVersion: rbac.authorization.k8s.io/v1
metadata:
  name: tiller
  namespace: myapp-prod
rules:
- apiGroups: ["", "batch", "extensions", "apps"]
  resources: ["*"]
  verbs: ["*"]
EOF

cat <<EOF | kubectl apply -f -
kind: RoleBinding
apiVersion: rbac.authorization.k8s.io/v1
metadata:
  name: tiller-binding
  namespace: myapp-prod
subjects:
- kind: ServiceAccount
  name: tiller
  namespace: myapp-prod
roleRef:
  kind: Role
  name: tiller
  apiGroup: rbac.authorization.k8s.io
  EOF

helm init --service-account=tiller --tiller-namespace=myapp-prod

helm install ./myChart --name myApp --namespace myapp-prod --set global.namespace=
myapp-prod
```

有的公開 Helm 圖表無法在部署應用程式元件時讓你選擇命名空間。這時就需要直接更改 Helm 圖表、或是提升 Tiller 帳號權限，以便直接建立命名空間或將應用程式部署至其他命名空間。

- 限制任何要監看和列舉 Secrets API 的應用程式。基本上只有部署 pod 的應用程式或個人可以檢視命名空間中的密語。如果有應用程式需要取用 Secrets API 中的特定密語，則應限制它僅能取得自身被指派的密語。

總結

雖說開發適於雲端原生交付應用程式的相關理論不在此述及，但是把組態和程式原始碼嚴格區分開來，則早已是雲端應用程式要成功的公認要素。透過可以儲存非敏感資料的原生物件 ConfigMap API，以及可以儲存敏感資料的 Secrets API，現在 Kubernetes 已能以宣告式的手法管理此一過程。隨著越來越多的關鍵性資料會直接存放在 Kubernetes API 中供人取用，重點在於如何以 RBAC 和整合認證系統之類的正確安全控管程序來保護對於 API 的存取。

在本書隨後的篇幅當中各位還會陸續看到，在服務部署至 Kubernetes 平台時，為了建立穩定、可靠、安全且耐用的系統，以上原則是如何地深入過程中的各個角落。

第五章

持續整合、測試和部署

在這一章裡，我們要來探討一些關鍵概念，關於如何將持續整合 / 持續交付（continuous integration/continuous deployment, CI/CD）的管線整合至 Kubernetes 應用程式的交付過程當中。如果能巧妙地整合上述管線，就可以更放心地將應用程式提交至正式環境，因此我們在此要來研究一下，有哪些方法、工具、以及程序可以讓你在環境中加上 CI/CD 功能。CI/CD 的目的，就是要讓過程自動化，從開發人員提交（checking in）程式碼，直到在正式環境發行新程式碼為止。你應該避免用手動發行更新的方式來部署 Kubernetes 應用程式，因為過程中非常容易出現錯誤。在 Kubernetes 中以手動方式管理應用程式更新，會導致所謂的組態漂移（configuration drift）、以及更新部署不穩定（fragile deployment updates），進而影響到應用程式的整體靈活交付。

本章會涵蓋以下題材：

- 版本控制
- 持續整合（CI）
- 測試
- 標示（tagging）映像檔
- 持續交付（CD）
- 部署策略
- 測試部署
- 混亂（Chaos）測試

我們也會從頭到尾檢視一個 CI/CD 管線的範例，其中包含以下任務內容：

- 將變更的程式碼推送至 Git 儲存庫（repository）
- 建置應用程式碼
- 測試程式碼
- 測試成功後建置容器映像檔
- 將容器映像檔推送至容器登錄所（container registry）
- 將應用程式部署至 Kubernetes
- 測試已部署的應用程式
- 對 Deployments 進行滾動式升級（rolling upgrades）

版本控制

每一個 CI/CD 管線都是從版本控制起步的，因為版本控制的資訊掌握了應用程式和組態的程式碼變動的歷史紀錄。Git 已經成為原始碼控制管理平台的業界標準，每一個 Git 儲存庫都會有自己的**主要分支**（*master branch*）。一個主要分支會包含你所有的正式（production）程式碼。中間當然會因為功能和開發作業而出現其他分支，但到頭來終究會併入主要分支。設置分支策略的方式甚眾，而且會跟組織文化及分工方式密切相關。我們發現，若是同時把應用程式碼和組態設定碼放在一起，就像 Kubernetes 的項目清單（manifest）或 Helm 的圖表（charts）那樣，會有助於建立良好的 DevOps 溝通與合作原則。讓應用程式開發人員和維運工程師共用一個儲存庫，對於負責將應用程式交付至正式環境的團隊來說，此舉可以建立大家對他們的信任感。

持續整合

CI 是一段持續將程式碼異動整合至版本控制儲存庫的過程。這種過程揚棄以往間隔甚久才提交大規模變動的方式，改為經常地提交小規模變動。每當有變動的程式碼提交進入儲存庫時，就會展開一次建置（build）。這樣一來，如果發生問題，就能迅速地獲得回應，找出應用程式受損的根源所在。你或許會質疑「我幹嘛要知道應用程式是如何建置的，那不是應用程式開發人員的事嗎？」傳統上確實如此，但是當企業逐步接受

DevOps 文化的當下，維運團隊涉入應用程式代碼和軟體開發工作流程的程度也會越來越深。

提供 CI 的解決方案很多，其中最受歡迎的工具之一就是 Jenkins。

測試

在管線中進行測試的目的，就是要為會造成建置問題的程式碼建立迅速回應的管道。開發時使用的程式語言會決定你所仰賴的測試框架。以 Go 語言為例，其應用程式可以透過 `go test` 對程式碼執行一系列的單元測試。一套廣泛的測試套件有助於防範品質不良的程式碼進入正式環境。如果管線中的測試失敗，你會希望這能確保相關建置不會繼續進行。你當然不會想要讓一段連建置前測試都有問題的程式碼進入容器映像檔，還把它推送到登錄所。

這時你內心的疑問又來了，「測試不也是開發人員的職責嗎？」隨著基礎設施和應用程式交付至正式環境的過程自動化，你應該要考慮對所有的程式碼進行自動化測試。例如在第 2 章時，我們就探討過以 Helm 來封裝 Kubernetes 應用程式。Helm 包含一個名叫 `helm lint` 的工具，它會對圖表進行一連串的測試，以便檢驗圖表中是否有潛在的問題。在一個點到點的管線中需要進行很多不同的測試。有些是開發人員的職責，例如應用程式的單元測試等等，但其他像發煙測試（smoke testing）就是雙方共同的責任了。測試程式碼和交付至正式環境的成果，需要團隊的合作，而且必須從頭至尾一體進行。

容器建置

在建置映像檔時，應該盡量將映像檔的容量最佳化（縮小）。較小巧的映像檔有助於縮短取得映像檔和用於部署所需的時間，同時也有助於提升映像檔的安全性。最佳化的作法有好幾種，但各有利弊。以下所述的策略有助於建置出應用程式能接受的最小巧映像檔：

分段式建置

這種做法可以讓你去除與應用程式運行無關的依存內容。以 Golang 為例，我們不需要把所有建置靜態二進位檔案時所使用的工具放進來，因此分段建置時可以用單獨一個 Dockerfile 來執行建置步驟，最後產出的映像檔卻只會包含執行應用程式所需的靜態二進位檔案。

Distroless 基礎映像檔[譯註 1]

這種作法會把映像檔中所有用不到的二進位檔和 shells 都去掉。這會是容量最小、同時也最安全的作法。缺點則是，distroless 的映像檔裡沒有 shell 可用，於是你就無法把除錯工具放到映像檔裡執行。也許你會覺得映像檔越小越好，但是要為應用程式除錯時就會很痛苦。Distroless 映像檔裡沒有套件管理工具（package manager）、shell 或是其他典型的 OS 套件，因此可能就無法取得你原先在典型 OS 中慣用的除錯工具。

最佳化的基礎映像檔

這種映像檔會專注於移除 OS 層面的冗餘物件，進而製作出經過瘦身的映像檔。以 Alpine 為例，其基礎映像檔開頭僅有 10 MB 左右，你可以隨意在其中添加便於開發用的內部除錯工具。其他的發行版本通常也有自己的最佳化基礎映像檔版本，例如 Debian 的 Slim 映像檔。這個版本也許較適合各位，因為它雖然是經過最佳化的映像檔，卻含有開發時需要的功能，不但兼顧映像檔的容量最佳化，同時也縮小安全暴露面，提升安全層級。

讓映像檔最佳化是非常重要的一件事，而且常為使用者忽略。你可能會鑒於公司的標準化策略因素而只能在企業內使用特定 OS，你必須設法因應這種策略，才能確保最大的容器價值。

我們曾注意到有些公司會在初步導入 Kubernetes 傾向使用既有的作業系統，但是為精簡版的映像檔，例如 Debian Slim 之類。當你逐漸熟悉容器環境的維運與開發後，就可以放心地改用 distroless 映像檔了。

容器映像檔標籤

CI 管線的另一個步驟，就是要建置一個 Docker 映像檔，以便用來部署至環境當中。重點是你必須有一套良好的映像檔標示原則，以便輕易地分辨先前部署至環境之中的映像檔版本。我們會不厭其煩一再強調的重點之一，就是不要濫用「latest」（最新版）這個字眼。用這種稱呼而不是**版本號碼**來標示映像檔，往往容易造成誤解，你根本無法從中辨別這一版映像檔發行時到底變動了哪些程式碼。CI 管線建置的每個映像檔都應該有一個獨特的標籤以資識別。

譯註 1 Distroless 意指沒有與任何特定發行版本有關的，也就是平常便於使用的各家工具一律付之闕如。

我們發現 CI 管線中有好幾種相當有效的映像檔標籤策略。以下策略有助於輕鬆辨別程式碼異動和相關的建置版本：

BuildID

一旦 CI 開始建置，就應該附上一個 buildID（建置代碼）。你可以由這部分的標籤辨認出映像檔的建置內容。

Build System-BuildID

跟上述的 BuildID 一樣，但是加上了 Build System（建置系統）資訊，以備擁有多個建置系統的使用者參照。

Git Hash

提交新的程式碼時，會產生一串 Git 雜湊值（Git hash），把這段資訊當成標籤也有助於輕易辨識映像檔屬於哪一次提交的內容。

githash-buildID

這可以同時辨識產生映像檔的提交程式碼和 buildID。唯一的缺點是這種標籤會很冗長。

持續部署

持續部署（Continuous Deployment, CD）是在程式的變動內容成功地通過了 CI 管線之後，在無須人為介入的情況下部署至正式環境的一段過程。在這段將異動部署至正式環境的過程裡，容器提供了絕大的優勢。因為容器映像檔扮演了一個不會變動的物件，可以從開發環境和中間階段（staging）一路推展到正式環境。舉例來說，我們在設法維持環境一致性時的最大問題之一，就是 Deployment 在中間階段時都還好好地，一旦推進到正式環境就全走了樣，幾乎人人都體驗過這切身之痛。這通常是因為發生了**組態漂移**的緣故，這個問題導致了各個環境中的程式庫和元件版本的不一致。Kubernetes 以宣告式的作法來描述 Deployment 物件，因此可以有良好的版本化效果，並以前後始終一致的方式部署。

但有一件是請牢記在心：你必須先建構穩固的 CI 管線，然後才考慮 CD 的問題。如果 CI 的測試做得不夠紮實，導致無法在管線早期階段就抓出問題，最後在正式環境發行的也不過是一堆缺陷品而已。

部署策略

既然我們已經對 CD 的原理略有所知了，現在就來看看有哪幾種不同的推行策略可以使用。Kubernetes 為新版應用程式的推行提供了數種策略。即使 Kubernetes 自己內建了一套滾動式更新機制，你還是應該參酌其他更高段的策略。以下我們會一一檢視幾種為應用程式交付更新內容的策略：

- 滾動式升級（rolling updates）
- 藍標 / 綠標部署法
- 金絲雀（Canary）部署法

滾動式升級是 Kubernetes 內建的作法，讓你可以對正在運行的應用程式觸發一次更新，但不會引起服務中斷（downtime）。舉例來說，如果你的前端應用程式正在執行 frontend:v1，而 Deployment 已更新為 frontend:v2，Kubernetes 就會以滾動的方式將抄本更新為 frontend:v2。圖 5-1 展示的就是滾動式更新。

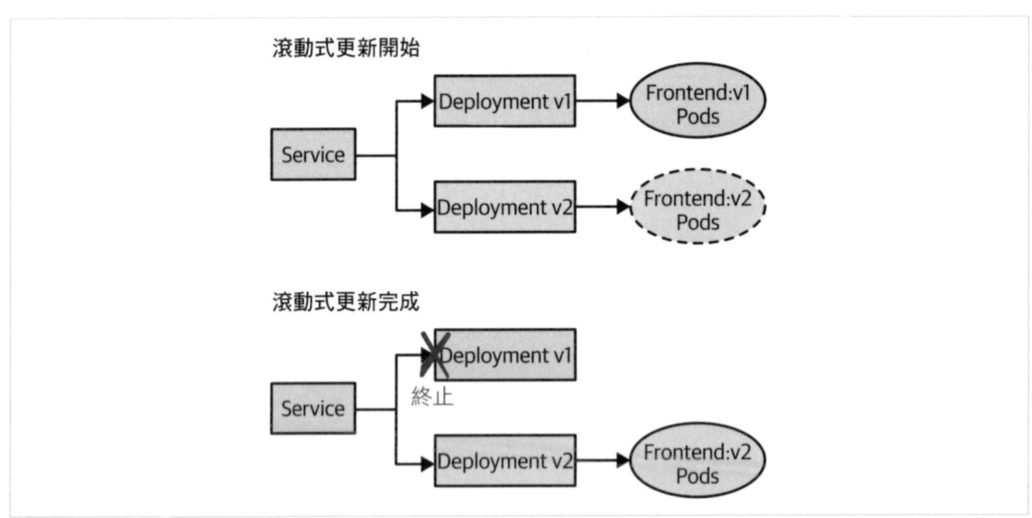

圖 5-1　Kubernetes 的一次滾動式更新

你可以在 Deployment 物件中定義一次最多可以更新幾份抄本，以及發行更新時最多可以有多少個 pods 離線。下述項目清單（manifest）就是如何指定滾動式更新策略的示範：

```
kind: Deployment
apiVersion: v1
metadata:
  name: frontend
spec:
  replicas: 3
  template:
    spec:
      containers:
      - name: frontend
        image: brendanburns/frontend:v1
  strategy:
    type: RollingUpdate
    rollingUpdate:
      maxSurge: 1 # 一次最多可以更新多少份抄本
      maxUnavailable: 1 # 發行更新時最多有多少份抄本可以離線
```

當你在進行更新時必須小心為之，因為使用此種策略仍有可能會造成既有的連線被棄置（dropped）。為了因應這個問題，你應該利用 *readiness* **探針**和 *preStop* 這個生涯循環掛勾（life cycle hooks）。readiness 探針可以確保剛部署的新版本已經準備好接受流量，而 preStop 掛勾可以確保現行部署應用程式的既有連線會先行清空。在容器退出並完成同步之前，會先呼叫生涯循環掛勾，這樣一來就必須等到動作完成才會送出最後的終止訊號。下例中就製作了一個 readiness 探針和生涯循環掛勾：

```
kind: Deployment
apiVersion: v1
metadata:
  name: frontend
spec:
  replicas: 3
  template:
    spec:
      containers:
      - name: frontend
        image: brendanburns/frontend:v1
        livenessProbe:
          # ...
        readinessProbe:
          httpGet:
            path: /readiness # 探測端點
            port: 8888
        lifecycle:
          preStop:
```

```
            exec:
              command: ["/usr/sbin/nginx","-s","quit"]
      strategy:
        # ...
```

上例中的生涯掛勾 preStop 會讓 NGINX 溫和地結束，而 SIGTERM 則正好相反，會強制執行迅速退出的動作。

滾動式更新的另一項隱憂，是這段期間裡你會有兩個版本的應用程式同時運行。而資料庫的架構（schema）必須要在這段期間能受理兩種不同版本的應用程式。你也可以利用一個特性旗標（feature flag）策略，藉以協助架構標示新版應用程式建立的新欄位。一旦滾動式更新完畢，舊的欄位就會被移除。

我們同時也在 Deployment 項目清單中定義了 readiness 和 liveness 兩種探針。所謂的 readiness 探針，可以確保應用程式已經準備好處理流量，然後才在服務後方就位做為端點。而 liveness 探針則會確保應用程式的狀態是健康的、而且運作正常，如果 liveness 探針偵測到失敗，就會重啟 pod。Kubernetes 只會在 pod 因錯誤而退出時才自動重啟有問題的 pod。舉例來說，liveness 探針會檢查所屬的端點，並在 pod 發生鎖死但未退出時重啟 pod。

至於*藍標 / 綠標部署法*[譯註 2] 則是讓應用程式改以可以預測的方式進行發佈。在藍標 / 綠標部署法裡，由你控制流量何時應轉給新環境，這樣就能更精密地控制應用程式新版本的發行。這種部署方式要求你必須有充裕的容量同時部署新舊兩套環境。此種方式有很多優點，像是更容易切換回到前一版的應用程式之類。但是這種部署策略仍有一些需要注意的事項：

- 這種部署方式會讓資料庫難以轉移，因為你必須考量到進行至半途的交易、以及架構更新的相容性。
- 會有不慎同時刪除兩種環境的風險。
- 你需要額外的容量來兼容兩種環境。
- 混合部署會有協調問題，因為舊有的應用程式會無法處理部署。

圖 5-2 描繪了藍標 / 綠標部署法。

[譯註 2] 藍標環境代表一般處理即時流量的正式環境。CI/CD 管線會建立還在運作中藍標環境的複本，也就是綠標環境。部署應用程式時，管線會對調兩個環境的網址，亦即將即時流量轉給複製的綠標環境繼續處理。一旦藍標環境部署完成、測試也無誤時，管線會再次在兩個環境之間對調網址。藍標環境繼續處理即時流量，同時會終止綠標環境運作。然後這個管道會在這兩個環境之間調換網址。

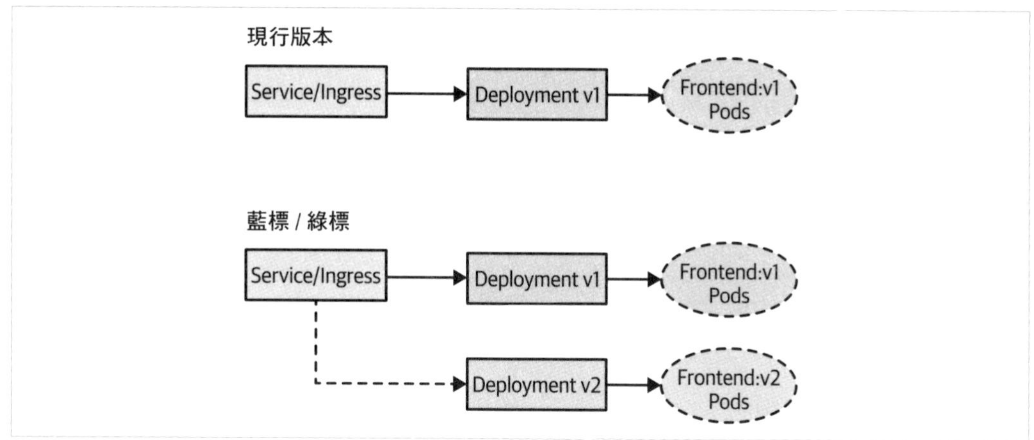

圖 5-2　藍標 / 綠標部署

金絲雀（*Canary*）**部署法**則和藍 / 綠標部署法十分相近，但是它對如何將流量轉移給新版本有更緊密的控制。最新版的入口（ingress）實作會允許你只開放若干比例的流量給新版本，但你也可以實作所謂的服務網格（service mesh）技術，像是 Istio、Linkerd、或是 HashiCorp 的 Consul 等等，它們都具備幾種可以實現金絲雀部署策略的功能。

金絲雀部署允許你只對部分的使用者測試新功能。例如說，你也許會想發行一個新版本應用程式，但只開放給一成的使用者測試這次部署。這樣一來，就算部署時出事、或是功能發生問題，風險也僅限於一小群使用者。如果部署順利、新功能也如常運作，就可以把更多流量轉給新版的應用程式。此外還有若干更高階的技術可以配合金絲雀部署，例如只發佈給特定地區的使用者、甚至只以符合特定條件的使用者為發佈目標。這種類型的發佈方式有時也稱作 A/B 發佈或暗地發佈（dark releases），因為使用者可能根本不知道自己在測試最新部署的功能。

採用金絲雀部署法時，有部分考量的重點和藍 / 綠標部署法一致，但也有一些其他的考量。你必須具備：

- 將流量只轉給一定百分比使用者的能力
- 清楚地知道如何比較新版本狀態是否穩定
- 知道從那些指數看出新版本狀態究竟是「良好」還是「糟糕」

圖 5-3 就是金絲雀部署的示範。

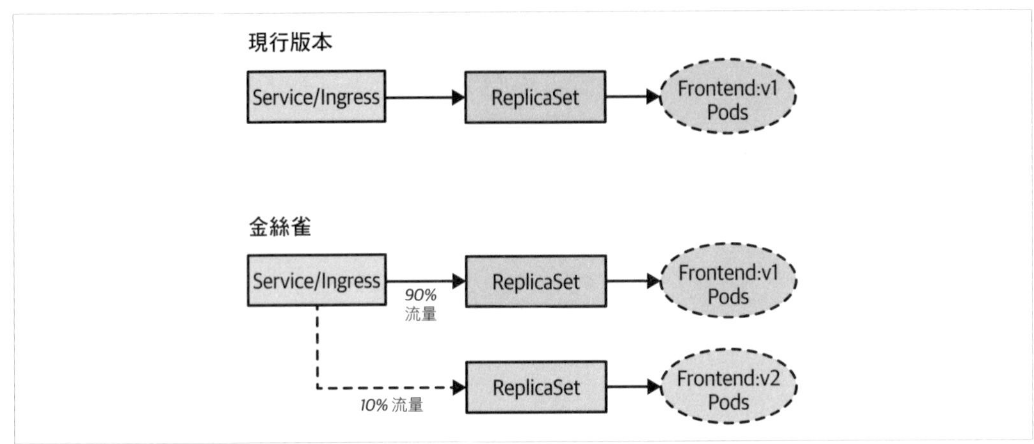

圖 5-3　一次金絲雀部署

金絲雀的發佈也一樣會有多種版本的應用程式同時運行的問題。你的資料庫架構必須要能同時支援兩種版本的應用程式。運用上述策略時，各位必須謹慎地處理彼此相關的服務，好讓兩種版本都能運行。亦即要有良好的 API 協作知識，而且能確保你的資料服務能夠支援同時部署的多種版本。

在正式環境的測試

在正式環境中進行測試，會有助於建立對於應用程式的彈性、擴展性、以及使用體驗的信心。各位應當知道，**在正式環境中測試**並非沒有難度和風險，但投注的心力卻是值得的，因為此舉可以確保系統穩定性。在採用這種測試方式前，各位應該先注意幾個重點。你必須先準備一份深入的觀察策略，這份策略可以有效地觀察正式環境中的測試成果。如果你無法掌握會影響使用者對應用程式觀感的指數，就代表你在事後嘗試改進系統彈性時會漫無頭緒、無從著手。此外還必須有高度自動化的機制，才能自動從你注入系統的錯誤中還原回來。

你會需要很多種工具才能降低風險、同時有效地測試系統的正式環境。有些工具在本章稍早已經介紹過，但還是有一些新面孔，像是分散式追蹤（distributed tracing）、儀表化（instrumentation）、混沌工程（chaos engineering）、以及流量遮蔽（traffic shadowing）等等。以下複習一下我們已經略有所知的工具名稱：

- 金絲雀部署
- A/B 測試
- 流量轉移
- 特性旗標

混沌工程是由 Netflix 發展出來的概念。其實就是故意把實驗性內容部署到系統的線上正式環境當中，藉此找出系統缺陷。混沌工程中等於讓各位可以觀察一次經過控制的實驗，從中理解系統的行為。以下就是進行一次「遊戲日」實驗前的準備步驟：

1. 做出一項假設，並掌握現有的穩定狀態。
2. 找出一項可以影響系統、程度不定的真實事件。
3. 建立一個控制組、以及用來對照穩定狀態的實驗內容。
4. 進行形成上述假設的實驗。

進行實驗時，最重要的就是將「破壞半徑」縮到最小，以便控制問題影響層面。此外，設計實驗時也應確保全程自動化進行，因為實驗本身可能會極為耗費心力。

到此你大概會自忖「為何不在中間階段就進行測試？」，但是我們的確曾經發現，在中間階段進行測試會有一些始終存在的問題，例如：

- 資源部署不一致。
- 與正式環境之間有組態漂移問題。
- 流量與使用者行為不夠逼真。
- 所產生的請求總數無法模擬真實的工作負載。
- 中間階段缺乏監看機制。
- 部署的資料服務所包含的資料及負荷程度都與正式環境不同。

再次不厭其煩地強調：務必確認自己對正式環境中既有的監看機制有充足的信心，因為這項實驗會導致對自家系統不熟悉的使用者失望。此外，應該先從規模較小的實驗著手，其成效會有助於建立信心。

設置管線並進行混沌實驗

過程的第一個步驟，是替 GitHub 儲存庫設置一個分支（forked），以便建立一個可以在本章中實驗的自有儲存庫。你需要用到 GitHub 的介面來建立儲存庫分支（*https://oreil.ly/TtJfd*）。

設置 CI

你已經了解 CI 的概念，這時需要設置一個建置程序，以便建置和先前一模一樣的程式碼。

為了示範起見，我們利用了外部提供的 *drone.io* 服務。你必須申請一個免費帳號（*https://cloud.drone.io*）。然後用你的 GitHub 身分登入（這樣就會在 Drone 中登錄你的儲存庫，同時允許同步 GitHub 的儲存庫）。登入 Drone 後，請選擇啟用（Activate）你的分支儲存庫。首先請為設定值加上幾個密語（secrets），以便把應用程式推送到 Docker Hub 登錄所，同時把應用程式部署到 Kubernetes 叢集。

在你的 Drone 儲存庫，請點選設定（Settings），然後把以下的密語放進去（畫面請參見圖 5-4）：

- `docker_username`
- `docker_password`
- `kubernetes_server`
- `kubernetes_cert`
- `kubernetes_token`

Docker 用戶名稱及密碼就是你在 Docker Hub 註冊的那一組。以下步驟會告訴各位如何建立一個 Kubernetes 的服務帳號和憑證，並取得 token。

在 Kubernetes 伺服器這邊，你必須要有一個公開的 Kubernetes 的 API 端點。

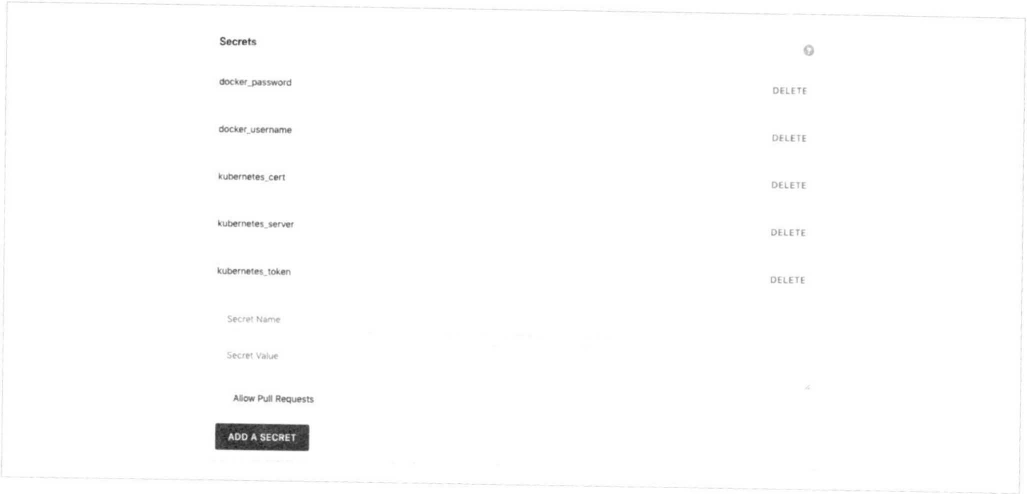

Secrets

docker_password DELETE

docker_username DELETE

kubernetes_cert DELETE

kubernetes_server DELETE

kubernetes_token DELETE

Secret Name

Secret Value

Allow Pull Requests

ADD A SECRET

圖 5-4　Drone 的密語設定畫面

你需要在 Kubernetes 叢集中擁有 cluster-admin 的權限，才能執行本小節所述的步驟。

以下指令可以取得 API 端點的資料：

```
kubectl cluster-info
```

這時你應該會看到以下的訊息：Kubernetes master is running at *https://kbp.centralus.azmk8s.io:443*（意為 Kubernetes 主節點運行在這串網址上）。請把取得的資料放在 `kubernetes_server` 這個密語裡。

接著要建立一個服務帳號，讓 Drone 可以連接到叢集。請以下列指令建立一個 `serviceaccount`：

```
kubectl create serviceaccount drone
```

再以下列指令替 `serviceaccount` 建立一個 `clusterrolebinding`：

```
kubectl create clusterrolebinding drone-admin \
  --clusterrole=cluster-admin \
  --serviceaccount=default:drone
```

然後把 serviceaccount 的 token 擷取出來：

```
TOKENNAME=`kubectl -n default get serviceaccount/drone -o jsonpath='{.
secrets[0].name}'`
TOKEN=`kubectl -n default get secret $TOKENNAME -o jsonpath='{.data.token}' |
base64 -d`
echo $TOKEN
```

你必須把以上輸出取得的 token 存放到 kubernetes_token 密語裡。

此外還需要利用使用者的憑證來通過叢集識別，以此要用以下指令取得 ca.crt 的內容，作為 kubernetes_cert 這個密語：

```
kubectl get secret $TOKENNAME -o yaml | grep 'ca.crt:'
```

現在你已準備好，可以在 Drone 的管線中建置實驗用的應用程式，然後推送到 Docker Hub 了。

第一個步驟是**建置步驟**，這裡會把 Node.js 的前端建置起來。Drone 會利用容器映像檔來執行其步驟，這部分有很大的彈性。請在此一步驟利用 Docker Hub 上現成的 Node.js 映像檔：

```
pipeline:
  build:
    image: node
    commands:
      - cd frontend
      - npm i redis --save
```

一旦建置完畢，就必須加以測試，所以我們要加上**測試步驟**，這裡會對剛剛才建置的應用程式執行 npm：

```
test:
    image: node
    commands:
      - cd frontend
      - npm i redis --save
      - npm test
```

執行至此，應用測試的建置和測試步驟都已完成，接下來該進行**公佈的步驟**，建立一個應用程式的 Docker 映像檔並推送到 Docker Hub。

請修改 *.drone.yml* 檔案的程式碼如下：

```
repo: <your-registry>/frontend

publish:
    image: plugins/docker
    dockerfile: ./frontend/Dockerfile
    context: ./frontend
    repo: dstrebel/frontend
    tags: [latest, v2]
    secrets: [ docker_username, docker_password ]
```

一旦 Docker 建置步驟結束，它就會把映像檔推送到你的 Docker 登錄所去。

設置 CD

現在來到管線的部署步驟了，該把應用程式送到 Kubernetes 叢集之中。各位需要撰寫一個部署用的項目清單（deployment manifest），並將這個清單置於儲存庫中的前端應用程式資料夾之下：

```
kubectl:
    image: dstrebel/drone-kubectl-helm
    secrets: [ kubernetes_server, kubernetes_cert, kubernetes_token ]
    kubectl: "apply -f ./frontend/deployment.yaml"
```

等到管線完成部署，就會看到叢集中有 pods 開始運行了。執行以下指令確認 pods 都運行無礙：

```
kubectl get pods
```

也可以在 Drone 管線裡加上一個測試部署的步驟，藉以取得部署的狀態：

```
  test-deployment:
    image: dstrebel/drone-kubectl-helm
    secrets: [ kubernetes_server, kubernetes_cert, kubernetes_token ]
    kubectl: "get deployment frontend"
```

進行滾動式升級

這裡我們要試著來改變一行前端程式碼，以展示滾動式升級的效果。請更改 *server.js* 檔案中的下面這一行，然後提交這次更動：

```
console.log('api server is running.');
```

接著各位就會看到部署被逐步發行，而現有的 pods 也做了滾動式更新。一旦滾動式更新結束，新版本的應用程式就算部署完畢了。

一場簡單的混沌實驗

Kubernetes 的周邊系統中有各種工具可以用來協助你的環境進行混沌實驗。從複雜的代管型混沌即服務（hosted Chaos as a Service）解決方案，到只是在環境中刪除 pods 的基本混沌實驗工具都有。以下列舉的就是幾種我們目睹使用者運用成功的工具範例：

Gremlin

代管型的混沌服務，提供運行混沌實驗所需的進階功能

PowerfulSeal

這是一個開放原始碼專案，提供各種高階的混沌場景以供實驗所需

Chaos Toolkit

也是一個開放原始碼專案，其目標在於為所有各種形式的混沌工程工具提供一個免費、開放、而且以社群為導向的工具組和 API

KubeMonkey

同樣是開放原始碼工具，為叢集中的 pods 提供基本的彈性測試

我們來設置一個快捷的混沌實驗，藉著自動終止 pods 的方式來測試應用程式的彈性。我們會以 Chaos Toolkit 進行此一實驗：

```
pip install -U chaostoolkit

pip install chaostoolkit-kubernetes

export FRONTEND_URL="http://$(kubectl get svc frontend -o jsonpath="{.sta
tus.loadBalancer.ingress[*].ip}"):8080/api/"

chaos run experiment.json
```

CI/CD 的最佳實務做法

你的 CI/CD 管線當然不會一開始就是完美無缺的，因此請考慮以下的最佳實務做法，進而不斷地改進這個管線：

- 處理 CI 時，請專注於自動化和迅速地完成建置。建置速度越快，就代表萬一變動的內容導致建置有問題，開發人員可以迅速地看到反應。
- 請特別注意管線中的可靠性測試。開發人員同樣可以由此迅速看到程式碼的問題所在。開發人員得到回應的速度越快，其工作流程的生產力就會更高。
- 選擇 CI/CD 工具時，請確認工具能夠以程式碼的形式定義管線。這樣一來就可以像應用程式代碼一樣，一併為管線本身做版本控制。
- 確保映像檔經過最佳化處理，以便縮小映像檔、同時減少它在正式環境中運行時的受攻擊面。請採用多段式的 Docker 建置法，以便在過程中去除應用程式運作時用不到的套件。例如說，你需要用到 Maven 來建置應用程式，但是實際運行映像檔時卻不需要連同 Maven 一併奉上。
- 避免用「最新版」（latest）這樣的字眼作為映像檔標籤，請改用可以看出 buildID 或 Git 提交細節的標籤作為參照。
- 如果你還不熟悉 CD，請從 Kubernetes 的滾動式更新入手。它們用起來很簡單，有助於熟悉部署方式。一旦你適應了 CD 的過程、執行起來也有信心時，就可以改用藍 / 綠標和金絲雀部署策略。
- 確保 CD 過程中會同時測試你的應用程式，觀察它會如何處理用戶端連線和資料庫結構的升級。
- 在正式環境中進行測試，有助於建立應用程式的可靠性，並確保有良好的監看機制。測試正式環境時，請以較小的規模為之，並將實驗影響範圍侷限在較小的區域內。

總結

在這一章中，我們探討了如何為應用程式建構一個 CI/CD 管線的各個階段，讓你有充足的信心，能夠穩當地交付軟體。在交付 Kubernetes 應用程式時，CI/CD 管線有助於降低風險、同時提升交付內容的吞吐量。我們同時也討論了各種不同的部署策略，以便用於交付應用程式。

第六章

版本控制、發佈和發行

對於傳統一體成形式（monolithic）的應用程式而言，最為人詬病的問題之一，就是程式會隨著時間流逝而變得臃腫而笨拙，難以隨著業務需求的速度適度地升級、版本化、或是修改。許多人會認為這就是敏捷開發（Agile development）實務和微服務架構普及的濫觴之一。在這個瞬息萬變的網際網路經濟世界中，能更迅速地替換新程式碼、解決新問題、或是在檯面下的問題惡化前及時將之修復，乃至於以零停機時間的方式升級，都是開發團隊竭力希望達成的目標。實際上，只要有正確的流程與程序，不論是何種類型的問題，都可以加以解決，不過這通常需要付出更高的成本，才能維持其中所需的技術和人力資產。

自從引進容器作為應用程式代碼的執行期間之後，容器所帶來的隔離性和可組合性（composability），對於密集系統的設計十分有助益，但過程中仍然需要高水準的人力自動化或系統管理，才能維持一套可靠的大型系統。隨著系統日益擴大，弱點也逐漸隨之增加，系統工程師就必須著手建置複雜的自動化流程，才能提供繁複的發佈、升級和錯誤偵測機制。諸如 Apache Mesos、HashiCorp 的 Nomad，乃至於 Kubernetes 和 Docker Swarm 等等這類的服務協調工具（orchestrators），都將以上概念發展成為其執行期間的基礎元件。現在，系統工程師的手中多了系統所需的應用程式版本控制、發佈及部署工具做為籌碼，就能解決更為複雜的系統問題。

版本控制

這一小節的用意並非介紹軟體版本控制的基礎及其過往；該類主題在坊間已有不計其數的專文及電腦科學教科書加以論述。最重要的是選擇一種樣式，並持之以恆。大部分的軟體公司及開發人員都認為，採用某種形式的**語意版本控管**（*semantic versioning*），是最有用的方式，對於必須相容於其他組成系統的微服務 API、並且在微服務架構中撰寫特定微服務的團隊來說，尤為有效。

如果各位還不熟悉語意版本控管，其基礎在於它遵循一個三段式版本編號，編號樣式為**主要版本編號**、**次要版本編號**、以及**修補編號**，其間通常以**點句號註記**區隔，看起來就像 1（主要）.2（次要）.3（修補）這樣。修補版號代表這是一次增補式（incremental）的發佈，其中可能包括對臭蟲的修正，或只是幅度極微的更改，API 本身完全沒有變動。次要版號則代表這次更新可能會有一些 API 本身的新變動，但基本上還是與前一版保持回溯相容。對於負責其他微服務開發、但不參與開發此一改版微服務的人員來說，次要版號會是他們要注意的一個關鍵屬性。如果我知道自己寫的服務原本是要與另一個 1.4.7 版微服務溝通的，而對方最近升級到了 1.5.7 版，這就表示除非我需要用到新的 API 功能，不然就不必改寫我自己的程式碼。主要版號則代表程式碼中有關鍵性的增補變更。大部分情況下，同一套程式碼的主要版號之間已經不復相容。這個流程中涵蓋了許多小幅度的更改，例如版號「4」就指出該軟體在開發生涯循環中的一個階段，像是 1.4.7.0 可能代表這是不成熟的（alpha）程式碼，而 1.4.7.3 則是發佈版。重點是，版號系統之間是有一致性的。

發佈

實際上，Kubernetes 本身並不具備發佈控制器，因此其中沒有原生的發佈概念。發佈資訊通常都是放在 Deployment 的 `metadata.labels` 規格、和 / 或 `pod.spec.template.metadata.label` 規格當中。何時要置入這兩種資訊才是真正的重點，況且會因為過程中如何以 CD 來對部署進行異動更新，而有不同的效果。當 Kubernetes 引進 Helm 之後，其主要概念之一就是以發佈的註記來區分叢集中同一份 Helm 圖表的運行實例。其實就算沒有 Helm 也一樣可以實現相同的概念；只不過 Helm 的本質就是會記錄發佈和相關歷史，因此有很多 CD 工具都會把 Helm 整合到自己的管線當中，當成實質的發佈服務來使用。再次強調，這裡的關鍵在於如何一致地運用版本控管，以及它會在叢集系統狀態的哪一部分呈現出來。

如果體制內對於特定名稱的定義有共識，那麼發佈時使用的名稱也會很有用處。通常若是使用 `stable` 或 `canary` 這種字眼的標籤，那麼再加上 service meshes 之類可以微調路由決策的工具之後，會有助於某種程度的維運控制。需要為不同對象推動大規模變更的大型機構，還會採用所謂的環狀架構，以便加上像是 `ring-0`、`ring-1` 之類的標誌。

這個題材需要各位對 Kubernetes 宣告式模型的標籤細節有一點認識。標籤本身的格式非常自由，可以是遵循 API 語法的任何成對鍵 / 值。鍵本身不代表內容，只是可供控制器處理標籤、更改標籤、以及讓選擇器可以比對標籤的一個管道罷了。像是 Jobs、Deployments、ReplicaSets 和 DaemonSets 等 Kubernetes 物件，都可以接受讓選擇器透過直接比對或是集合表示式的方式，去比對 pods 的標籤。重點在於，各位必須理解標籤選擇器一旦建立後就是不變的，亦即如果你新增了選擇器，而 pod 的標籤又正好比對相符，則會產生一組新的 ReplicaSet，而不是去更新既有的 ReplicaSet。等到處理發行（rollouts）的議題時，這會是一個非常重要的觀念，下一節就會談到。

發行

在引進 Deployment 控制器之前，唯一能控制 Kubernetes 控制器程序發行應用程式的機制，就是對特定需要更新的 `replicaController` 下達 `kubectl rolling-update` 指令。對於宣告式的 CD 模型來說，這種方式相當的困難，因為這並非原始項目清單狀態的一部分。執行者必須小心地確認項目清單是否正確更新、版號是否正確，才不至於意外將系統退回先前狀態，並在已不需要系統時還將其封存。Deployment 控制器利用特定的策略，讓系統按照部署中的 `spec.template` 異動內容讀取宣告而得的新狀態，進而引入讓上述更新過程自動化的能力。剛入門 Kubernetes 的使用者經常會誤解這一點，因而當他們試著更改 Deployment 裡中介資料（metadata）欄位的標籤並重新套用項目清單，卻看不到有任何更新被觸發時，就會感到很沮喪。Deployment 控制器能夠判讀規格的變動，進而按照規格中定義的策略去更新 Deployment。Kubernetes 支援 `rollingUpdate` 和 `recreate` 這兩種部署策略，而前者為預設。

如果指定的是滾動式更新，部署時就會建立一個新的 ReplicaSet，並將規模擴展到所需的抄本數量，然後舊有的 ReplicaSet 則會按照 `maxUnavailble` 和 `maxSurge` 指定的值，逐步縮減至零為止。從本質上來說，這兩個值會防止 Kubernetes 在新的 pods 還沒達到的足夠上線數量前就開始移除舊的 pods，同時也會在特定數量的舊 pods 被移除後才會開始建立新的 pods。這樣的好處在於， Deployment 控制器會記錄更新的過程，你也可以用指令將部署還原至先前的版本。

反觀 recreate 策略，對於有能力因應 ReplicaSet 中的 pods 全數離線、而且幾乎不會造成服務水準下跌的特定工作負載來說，它也是一項有效的策略。在這個策略下，Deployment 控制器會以新的組態建立新的 ReplicaSet，同時在新的 pods 上線前先把舊的 ReplicaSet 刪除。前端有佇列式系統做為緩衝的服務，就是有能力處理這種破壞方式的服務之一，因為訊息可以停留在佇列裡，等待新的 pods 上線，然後新上線的 pods 就可以繼續處理訊息。

全部兜起來

在一項單一服務部署中，有幾項關鍵領域會受到版本控制、發佈和發行的管理方式影響。我們來看一個示範的部署內容，然後針對各區域一一抽絲剝繭，並檢視其最佳實務做法：

```
# Web 部署
apiVersion: apps/v1
kind: Deployment
metadata:
  name: gb-web-deploy
  labels:
    app: guest-book
    appver: 1.6.9
    environment: production
    release: guest-book-stable
    release number: 34e57f01
spec:
  strategy:
    type: rollingUpdate
    rollingUpdate:
      maxUnavailbale: 3
      maxSurge: 2
  selector:
    matchLabels:
      app: gb-web
      ver: 1.5.8
    matchExpressions:
      - {key: environment, operator: In, values: [production]}
  template:
    metadata:
      labels:
        app: gb-web
        ver: 1.5.8
        environment: production
```

```
    spec:
      containers:
      - name: gb-web-cont
        image: evillgenius/gb-web:v1.5.5
        env:
        - name: GB_DB_HOST
          value: gb-mysql
        - name: GB_DB_PASSWORD
          valueFrom:
            secretKeyRef:
              name: mysql-pass
              key: password
        resources:
          limits:
            memory: "128Mi"
            cpu: "500m"
        ports:
        - containerPort: 80
---
# DB 部署
apiVersion: apps/v1
kind: Deployment
metadata:
  name: gb-mysql
  labels:
    app: guest-book
    appver: 1.6.9
    environment: production
    release: guest-book-stable
    release number: 34e57f01
spec:
  selector:
    matchLabels:
      app: gb-db
      tier: backend
  strategy:
    type: Recreate
  template:
    metadata:
      labels:
        app: gb-db
        tier: backend
        ver: 1.5.9
        environment: production
    spec:
      containers:
```

```
      - image: mysql:5.6
        name: mysql
        env:
        - name: MYSQL_PASSWORD
          valueFrom:
            secretKeyRef:
              name: mysql-pass
              key: password
        ports:
        - containerPort: 3306
          name: mysql
        volumeMounts:
        - name: mysql-persistent-storage
          mountPath: /var/lib/mysql
      volumes:
      - name: mysql-persistent-storage
        persistentVolumeClaim:
          claimName: mysql-pv-claim
---
# DB 備份作業
apiVersion: batch/v1
kind: Job
metadata:
  name: db-backup
  labels:
    app: guest-book
    appver: 1.6.9
    environment: production
    release: guest-book-stable
    release number: 34e57f01
  annotations:
    "helm.sh/hook": pre-upgrade
    "helm.sh/hook": pre-delete
    "helm.sh/hook": pre-rollback
    "helm.sh/hook-delete-policy": hook-succeeded
spec:
  template:
    metadata:
      labels:
        app: gb-db-backup
        tier: backend
        ver: 1.6.1
        environment: production
    spec:
```

```
        containers:
        - name: mysqldump
          image: evillgenius/mysqldump:v1
          env:
          - name: DB_NAME
            value: gbdb1
          - name: GB_DB_HOST
            value: gb-mysql
          - name: GB_DB_PASSWORD
            valueFrom:
              secretKeyRef:
                name: mysql-pass
                key: password
          volumeMounts:
            - mountPath: /mysqldump
              name: mysqldump
        volumes:
          - name: mysqldump
            hostPath:
              path: /home/bck/mysqldump
        restartPolicy: Never
    backoffLimit: 3
```

乍看之下似乎有點怪異。一個部署怎會帶有版本標籤（tag）資訊？部署所引用的容器映像檔版本標籤為何和部署的標籤不一樣？如果其中之一有變、另一個卻沒有，會發生什麼事？ 這個範例中的發佈意義為何？如果其內容有變，會對系統有何影響？如果特定的標籤（label）有變，它何時會觸發部署的更新？要知道上述問題的答案，就得來檢視一下關於版本控管、發佈和發行的若干最佳實務做法。

版本控管、發佈和發行的最佳實務做法

有效的 CI/CD、以及縮短離線時間（甚至零停機）的部署能力，都和你是否能替版本控制及發佈的管理方式採取一致的實務做法大有關係。以下註記的最佳實務做法，有助於制訂一致的參數，讓 DevOps 團隊能順利地交付軟體部署：

- 替應用程式採行語意式版本控管時，應與構成應用程式的容器版本及 pods 部署版本有所區別。此舉可讓應用程式整體和構成應用程式的容器各自擁有自己的生涯循環紀錄。一開始也許會令人摸不著頭緒，但只要在其中一方有變時採用階層式原則，讀者們就能輕易地追蹤期間異同。在上例中，容器本身還停留在 `v1.5.5`；但是

pod 的規格卻是 `1.5.8`，這意味著只有在 pod 規格的層面有所變動，像是改用新的 ConfigMaps、有其他的密語加入、或是抄本數量有變等等，但是其中使用的特定容器版本卻沒有變。至於整個留言簿應用程式本身和相關服務，版本都是 `1.6.9`，這意味著造成變動的操作，其範圍可能超過此一特定服務，而是遍及構成整個應用程式的其他服務。

- 在你的部署中介資料中加上發佈的版本編號標籤，以便在 CI/CD 管線中追蹤發佈。發佈的名稱和編號應該要能與 CI/CD 工具紀錄的實際發佈內容相呼應。這樣就能一路從 CI/CD 的流程追蹤到叢集，也便於還原時作為識別之用。在上例中發佈的版號，其實就是直接從建立項目清單的 CD 管線所使用的 release ID 沿用而來的。
- 如果你是用 Helm 來包裝部署至 Kubernetes 的服務，請特別留意要把那些需要一起還原或是升級的服務綁在同一份 Helm 圖表之中。Helm 有辦法輕易地把應用程式的所有元件還原至升級前的狀態。因為事實上 Helm 會先處理範本和所有的 Helm 指令，然後才傳遞出扁平化的 YAML 組態，利用 life cycle hooks 就能正確地訂製特定範本的應用程式。維運人員只需引用正確的 Helm life cycle hooks，就能確保正確地升級和還原。上例中的 `Job` 規格就運用了 Helm 的 life cycle hooks，以確保在還原、升級或刪除 Helm 的發佈前，範本會先對資料庫備份。它也確保 `Job` 會在執行成功後被刪除，原本在 TTL 控制器脫離 Kubernetes 內的測試階段之前，這個刪除動作是需要手動進行的。
- 請自行協調一套發佈用的稱呼，以便呈現組織運作的步調。簡單的 `stable`、`canary` 和 `alpha` 狀態都足以正確描述大部分的情況。

總結

不論規模大小，Kubernetes 都有助於公司採納更為複雜的敏捷開發流程。如此複雜的流程要自動化，原本需要投入大量的人力和技術資產，如今已普及到甚至處於草創階段的公司也能輕鬆地運用這種雲端模式。只有當你能規劃出正確的標籤使用方式，並對 Kubernetes 控制器的功能運用自如時，Kubernetes 的宣告式本質才能真正地發揮作用。若能為部署在 Kubernetes 的應用程式，正確地辨識出其宣告式屬性中所蘊含的運作和開發狀態，任何機構都可以透過工具及自動化方式，輕鬆地管理關於升級、發行及還原的複雜流程。

第七章

應用程式的全球散佈與分段進行

截至目前為止，大家已經見識過各種關於應用程式的建置、開發、以及部署的不同實務做法，但若是牽涉到全球規模的應用程式部署與管理時，那可就是完全不同的一回事了。

應用程式之所以會擴展到需要全球化部署，原因不計其數。最首要的因素當然就是需求的規模。你的應用程式可能十分成功，或是已經關鍵到必須在全球部署，才能維持使用者所需的容量。這類應用程式的例子包括公有雲端供應商的全球 API 閘道器、遍佈全球的大規模 IoT 產品、極為成功的社群網路等等。

雖說吾輩的應用程式不見得有機會建置出需要全球化等級的系統，但卻有很多應用程式是基於延遲的副作用才必須考慮全球化。就算引進了容器和 Kubernetes，也無法跟光速傳遞的電子較勁，因此為了把應用程式的延遲降到最低起見，有時仍有必要將應用程式分散到全球各地，以便縮短與使用者之間的傳輸距離。

最後一個需要把應用程式遍佈全球的更普遍原因，其實是地區化需求。不論是為了頻寬因素（例如遠端感應平台）、還是資料隱私（地理的限制），有時都必須把應用程式部署到特定的位置，該應用程式才能達到成功的目的。

在所有的案例中，你的應用程式已經不再只是處於少數的正式環境叢集當中。相反地，它會分佈到數十、甚至數百個不同的地理位置，而管理這些位置，以及在全球推出可靠服務的要求，都是相當艱難的挑戰。本章會說明各種成功達成以上目標的手法和最佳實務做法。

散佈映像檔

在真正開始考慮在全球各地運行你的應用程式之前，你得先把叢集所需的映像檔散佈到全球各地。這時就必須先考慮你使用的映像檔登錄所，是否提供地域間自動抄寫服務。很多雲端供應商提供的映像檔登錄所都會自動把映像檔散佈到全球各地，同時在接收到叢集提取映像檔的請求時，自動把請求轉給最接近該叢集的儲存位置。很多雲端服務都允許你指定映像檔的複製目的地；例如說，你可能已經知道有哪些地方是不在你服務範圍內的，就可以加以忽略。這類登錄所的範例之一就是微軟的 Azure 容器登錄所（*https://acr.io*），但是其他雲端業者也不乏類似服務。如果你使用的是雲端業者提供、且支援地域間抄寫的登錄所，那麼在全球散佈映像檔就沒什麼困難。只需將映像檔推送至登錄所，然後指定要依屬地分配的各地域，登錄所就會自動搞定一切[譯註 1]。

但若你使用的不是雲端登錄所，或是你的供應商無法在地域間自動散佈映像檔，這時你就只能自己設法解決。作法之一是使用位於特定位置的登錄所。這種方式有很多值得顧慮之處。提取映像檔時的延遲時間，通常就代表你在叢集中啟動容器的速度。進而決定你在機器發生故障時，能以多快的速度做出反應，這是因為只要機器發生故障，你就必須把容器映像檔下載至新機器的緣故。

另一個考量的重點是，單一登錄所可能會形成咽喉弱點（single point of failure）。如果登錄所位於單一地理區域或單一資料中心之內，一旦資料中心發生大規模的事故，該登錄所可能就會被迫離線。而你的登錄所一旦離線，CI/CD 管線就會中斷運作，也無法部署新的程式碼。這會同時嚴重影響開發人員的生產力及應用程式的運作。此外，單一登錄所的成本可能會較高，因為每當你啟動一個新容器，就需要耗費相當的頻寬，就算容器映像檔通常都相當小，但加總起來仍然可觀。不過若是先把這些缺點放在一邊，單一登錄所的解決方案可能仍適合小規模、只運作在全球少數地域的應用程式。而且這種方案設置起來顯然也比大規模的映像檔抄寫要容易些。

如果你實在無法取得雲端供應的跨地域抄寫功能，可是你又真的需要抄寫映像檔，那麼你就得設法自己組一個抄寫的解決方案。要實作這等服務，有兩個選擇。其一是利用地理名稱來為每個映像檔登錄所命名（例如 `us.my-registry.io`、`eu.my-registry.io` 等等）。這種做法的好處是它的設置和管理都很容易。每個登錄所都是彼此獨立的，你只需在 CI/CD 管線結尾把映像檔推到每個登錄所就好。

譯註 1　以下文中凡是提及 region、regional，一律譯為地理區域、或簡稱地域，以便和一般口頭所稱的 area（區域）做出分別。

缺點也不是沒有。這時每個叢集都會需要用一個略有不同的組態，以便從最近的地理位置提取映像檔。然而，由於你可能早已在應用程式組態中加上了地理差異資訊，此一缺點管理起來應該也沒什麼困難，而且已經是你環境中的常態。

將部署予以參數化

一旦你把映像檔抄寫至各地，就該針對全球不同的位置進行參數化部署。只要是必須部署到不同的地域，就一定會導致不同地域的應用程式組態差異。例如說，如果你使用的登錄所沒有跨地域抄寫，可能就得為不同的地域修改映像檔名稱，但就算你擁有跨地域抄寫的映像檔，可能還是面對各個不同的地理位置之間應用程式負載程度不等的事實，因而影響規模（例如抄本數目）和其他因地域而異的組態。只有當你能以不會造成過度負擔的方式管理這般的複雜性時，才能成功地管理全球化應用程式。

首先要考慮的，是如何在磁碟中整理不同的組態。常見的方式是為每一個全球地域建立一個目錄。有了這些目錄，你也許會想說只要能把同一份組態複製到各個目錄底下就好，但是此舉反而會造成組態漂移現象，而且按照地域修改組態時免不了會有顧此失彼的錯漏發生。相反地，應該以樣本化的作法為佳，這樣一來大部分的組態都可以保留在同一份範本之中，供各地域共用，然後對範本套用參數、以便產生該地域特有的範本。Helm（*https://helm.sh*）就是這類範本化工具的典範（詳情可參閱第 2 章）。

全球流量負載平衡

現在你的應用程式已經遍佈全球運作了，下一步該決定要如何將流量導給應用程式。一般說來，你會利用地緣關係來確保最少的服務延遲。但是你可能也需要在服務出問題時，達成在地域間做故障後轉移的效果。為不同地域的部署正確地設置流量平衡，是建立高效且穩定系統的關鍵。

我們先假設你要用單一主機名稱來提供服務。例如 *myapp.myco.com*。一開始要決定的是，你是否要以網域名稱系統（Domain Name System, DNS）協定來達成地域端點間的負載平衡？如果你要以 DNS 來達成負載平衡，當使用者查詢 *myapp.myco.com* 的 DNS 解析結果時，就必須根據使用者取用服務時的位置、以及服務當下的可用性來決定傳回的 IP 位址。

在全球各地穩當地發行軟體

當你成功地把應用程式範本化之後，便代表你在每個地域都會有正確的組態可用，下一個重大問題便是如何把這些組態部署到全球各地。你可能會急於將應用程式同時部署到全球各地，以便儘快有效地汰換應用程式，但是此舉儘管敏捷，卻也可能是全球性服務中斷的開始。相反地，對於大部分的正式環境應用程式而言，還是以謹慎地分段在全球發行軟體的方式較穩當。一旦搭配全球負載平衡，這種手法就可以在面臨大規模應用程式故障的情況下，還能維持高可用性。

整體而言，在處理全球發行的問題時，目標當然是儘快地發行軟體，同時也儘快地偵測出問題——而且最好是在問題影響到任何其他使用者之前。姑且假設當你進行全球化發行時，應用程式本身已經通過了基本的功能和負載測試。在特定映像檔通過全球發行的認證之前，它應該經過充分的測試，以便確信應用程式確實能正常運作。重點是，這並**不代表**應用程式就**真的一定會**正常運作。雖說測試可以揭露許多問題，但是在真實世界裡，應用程式的問題常要等到它們真正發行、並接受正式環境的流量考驗時，才會初次顯現出來。這是因為正式環境的真實流量特性往往難以逼真地加以模擬之故。例如說，你可能只測試了英語輸入的內容，但在真實世界中卻必須接收各種不同語言的輸入。抑或是你準備的輸入測試並不夠完備到能反映出應用程式會收到的真實世界資料。當然了，只要是測試時沒有抓到在正式環境中會發生的錯誤，顯然這份測試就有需要改進。不論如何，很多問題就真的只在正式環境中見真章時才會顯現。

有這個心理準備後，每一個會發行的地域其實都會是發現新問題的機會所在。此外由於各個地域都是正式環境，如果一發生問題就得有所回應。把這些因素結合在一起，各位心裡就該有個底，知道該如何規劃分區發行的階段了。

發行前的驗證

在你考慮真正在全球發行專用版本軟體之前，最要緊的是得先在某種合成測試環境中對軟體加以驗證。如果你的 CD 管線設置無誤，在發佈特定版本之前的所有程式碼都應該經過某種形式的單元測試（unit testing），也許還要經過有限度的整合測試（integration testing）。然而就算通過了這些測試，也還是應該在應用程式進入發佈管線之前，再考慮另外兩種發佈測試。第一種便是完整的整合測試。這項測試代表你會把整個堆疊組成全面的應用程式部署，只差沒把真實世界的流量加上去而已。這個完整的堆疊通常會包括一份正式環境的資料副本、或是其規模等同於真實正式環境資料的模擬資料。如果在真實世界中你的應用程式資料有 500 GB 之多，那麼在上線前用於測試的資料集就應該也要有約略相同的規模（甚至是用和正式環境一樣的資料來測試）。

一般來說，這是設置完整的整合測試環境時最困難的部分。通常只有在正式環境中才能真正呈現出正式環境資料的實態，而且要產生規模與正式環境相彷彿的合成資料集，更是困難。正因為程度複雜至此，我們才會說，在應用程式的早期開發階段設置一套夠逼真的整合測試資料集，絕對是值得做的一件事。如果你及早在資料集規模尚小時設置一套合成副本，這份整合測試資料會逐漸地隨著正式環境資料成長的步調增長。比起等到資料已經有相當規模時才嘗試複製正式環境資料，及早展開自然是要容易掌握得多。

可惜的是，很多人都一直等到規模龐大、任務艱難之時才理解到他們需要複製這份資料。這時唯一可能的做法便是在你的正式環境資料儲存前方部署一個讀 / 寫轉向層。當然你不會讓整合測試把資料寫入到正式環境，但是卻可以在你的正式環境資料儲存前方加上一個緩衝代理（proxy），以便從正式環境讀取，但是把寫入動作轉到一旁的資料表，以利後續讀取時參照。

不論你最後如何設置自己的整合測試環境，目標始終是一致的：就是要驗證你的應用程式在收到一系列的測試用輸入和互動操作時，其行為是否一如預期。要定義和執行這類測試的方式不勝枚舉——從最基本的手動操作，亦即按照測試步驟表人為進行（不建議這樣做，因為太容易出錯），到可以模擬點選（clicks）等瀏覽器和使用者動作的測試都有。其中也有會偵測 RESTful APIs 的測試，但這種測試並不會去檢測建構在目標 API 之上的網頁使用者介面（UI）。無論你如何制訂整合測試，目標應該都是一樣的：以一組自動化的測試套件來驗證應用程式，觀察它在回應整套的真實世界輸入時是否會正確回應。對於簡單的應用程式，也許在合併測試（premerge testing）時進行驗證就已足夠，但對於真實世界中大多數大規模的應用程式而言，完整的整合測試才是必要的。

整合測試確實會驗證你的應用程式運作是否正確，但你同時也應該對其進行負載測試。證明應用程式運作正確是一回事，證明它可以承受真實世界的負載則是另一回事。在任何正常的高規格系統中，若是效能明顯低落——例如請求延遲增加了 20% ——就會對應用程式的使用者體驗（UX）有顯著的負面影響，而且失望的不只是使用者，這還可能造成應用程式完全故障。因此，務必要確保這種效能低落不會發生在正式環境當中。

就像進行整合測試時一樣，要找出可以確認應用程式負載的方式也是一件難事；畢竟它需要產生近似於正式環境流量的負載，而且要以可以一再重現的合成方式進行。最簡單的方式之一自然是重現來自系統正式環境的真實世界流量紀錄。如果流量紀錄中的資料特性符合應用程式在部署後面臨的情境，此舉當然是進行負載測試的絕佳方式。然而，重現法並非萬無一失。例如說，若你的流量紀錄已經老舊，而你的應用程式和資料集已經做了變革，那麼你以重現的流量紀錄進行測試而得的效能，定然不能代表最新的流量效能。此外，如果你沒有模擬到真實世界中的一些依存關係（dependencies）時，那麼將舊流量導向這些依存關係（例如資料已經不存在）的後果就是無效的。

基於上述的難題，坊間很多系統（甚至可能是關鍵系統），都是在沒有進行過負載測試的情況下開發多年。這就跟上例中打造測試用正式環境資料時的情況一樣，又是一個如果能及早開始累積這類資料、便能簡化事態的好例子。如果你在應用程式只有少數依存關係時便建構負載測試，並在應用程式適應期間不斷改進負載測試，跟替既有大規模系統嘗試重建負載測試比起來，前者顯然會容易得多。

假設你已成功地定義負載測試，接下來的問題就是測試應用程式負載時，有哪些指數需要觀察。每秒的請求數量跟請求延遲顯然都是必備項目，因為這些都是使用者感受的指標之故。

測量延遲時，務必要了解這是一個統計分佈值，你必須同時測量其平均值和偏差百分位（outlier percentiles，像是 90th 和 99th 百分位等等），因為它們代表的是你的應用程式「最差」的使用者體驗指標。如果你只看平均值，延遲時間極長的問題很可能被稀釋掉，但如果你有 10% 的使用者抱怨反應時間太慢，就會對產品成敗有顯著影響。

此外，負載測試時的應用程式資源使用量（CPU、記憶體、磁碟）仍然值得注意。雖說這些指數和使者體驗沒有直接關係，但應用程式在正式上線前測試時會導致資源使用量突然激增，仍然值得注意和深入了解。如果你的應用程式突然消耗兩倍的記憶體，就算負載測試過關，也應該深入調查原因，因為到頭來這種顯著增長的資源消耗仍會影響到應用程式的品質和可用性。依照環境，你可能會持續地發佈至正式環境，但是在此同時，你也還是應該要了解應用程式的資源規模會有明顯的變化。

金絲雀地域

當你的應用程式似乎運作正常時，第一步當然是從**金絲雀地域**開始[譯註 2]。所謂金絲雀地域（或稱為早期預警地域），係指一個特定部署，這裡會接收到源自應驗證發佈內容的人與團隊的真實世界流量。根據服務內容的不同，負責驗證的可能是內部團隊，或是會使用服務的外部客戶。早期預警地域的存在，讓團隊可以為即將發行的內容（同時也可能造成損壞）取得早期預警。不論整合和負載測試多麼順利，總是可能會有臭蟲躲過測

譯註 2　早年礦坑工人常會帶金絲雀籠進入地面下，讓鳥兒感受坑道中是否有危險有毒氣體而發出警訊。金絲雀地域有早期預警地域的意謂。

試，而偏偏臭蟲影響的是部分使用者和客戶最在意的功能。這時如果能在一個眾人都充分理解服務極可能會出現問題的預設環境中捕捉這類問題，情況就會好得多。這就是早期預警地域的由來。

不論在監控、規模、特性等方面，早期預警區域應該都要和正式環境中的區域相彷彿。然而由於這是發佈流程中的第一站，這也可能會是最先暴露發佈缺陷的地方。這倒還無妨；事實上這就是設置該區域的目的。你的客戶會刻意以早期預警區域來驗證風險較低的事例（例如開發團隊或內部使用者），以便讓測試人員及早發覺在發佈內容時可能推出的一些會導致問題的變動。

由於早期預警的目標就是要取得發佈後的初步反應，因此最好是讓發佈內容留在預警區中，讓效果醞釀。如此才能取得客戶操作後廣泛的回應，然後再來評估何時發行至其餘的區域。之所以要需要這麼長的一段時間，是因為臭蟲有時是隨機出現的（例如 1% 的請求中會發生一次），抑或是它只會在極端的案例下才會露面，而極端的案例需要時間醞釀。這種問題甚至不會嚴重到觸發自動化警訊，但卻會造成業務邏輯上的問題，而且只有透過與客戶的互動才能發覺。

分辨地區的種類

當你開始考慮將軟體發行到全球各地時，務必好好思考不同地域之間的不同特性。一旦把軟體發行至正式環境所在地域，就必須進行整合測試和初期預警測試。這代表這段期間中你所發現的任何問題，都會是其他測試中看不到的。好好思考不同的地域。其中是否有一些比其他地域流量更高？其中是否有些地域的取用方式不同？差異的範例之一是，在開發中國家所在地域，流量可能來自行動裝置的瀏覽器。因此較接近開發中國家的地域，很可能就會比測試或預警地區有更多的行動裝置流量。

另一個例子就是輸入語言。非英語系地區可能會傳來更多的 Unicode 字元，而這類字元可能會在字串中或是處理字元時形成臭蟲。如果你建置的是以 API 驅動的服務，有些 APIs 可能會在特定地域更受歡迎。這些都是應用程式中呈現差異的例子，而且可能還跟早期預警區域的流量不一樣。這些差異中的任何一項都可能成為正式環境事故的來源。請把你認為重要的差異性質開單列管。辨別這些性質會有助於規劃全球發行。

準備全球化發行

一旦辨識出地域特徵之後，接下來就該籌畫所有地域的發行計畫。當然你希望讓正式環境離線的影響越小越好，因此最適合作為開頭的，自然是最接近金絲雀地域、而且使用流量較少的地域。這種地域比較不可能發生問題，但如果真的出現問題，也因為當地流量較少之故，影響會比較小。

一旦成功地在第一個正式環境所在地域發行，接下來就該思考要等多久再展開下一個地域的發行動作。等待的原因並非刻意地延遲發佈；而是要等夠長的一段時間，讓火燒到會冒煙的程度為止（即問題呈現出來）。這段「發煙潛伏期」其實就是評估，在完成發行之後要花多長的時間，你的監看工具才能看出有問題的跡象。很顯然地，發行內容要是有問題，那麼從發行完成的這一刻起，問題就已經處在你的基礎設施之中。但就算它已經存在，可能也要醞釀一段時間才會發作。舉例來說，記憶體流失就可能要等上一小時以上，其影響才會顯現在監看工具中、或是讓使用者感受到。這段「發煙潛伏期」其實也是一個統計分佈值，代表你要等上多長的時間，才有充足的機率證明發佈內容是運作無誤的。一般來說，首要法則就是把所需的等待時間訂為平均時間的兩倍。

如果在過去半年中，每次故障約需花上一個小時才會呈現，則比較能保障發佈成功的做法，是等上兩小時再進行下一輪的地域發行。如果能按照應用程式發行的歷史紀錄推導出更有意義的時間統計值，就能更準確地估出發煙潛伏期。

一旦成功地在近似金絲雀地域的低流量地域完成發行，就可以另擇一個高流量的金絲雀地域做發行。也就是對一個輸入資料特性和金絲雀地域相仿、但流量高得多的地域發行。由於你已經成功地在流量較低的類似地域發行成功，這時要測試的就只剩下應用程式的規模調節能力。如果此一發行也成功過關，對發佈內容的信心就會大幅提升。

在高流量地域接受性質近於金絲雀地域流量的洗禮後，就可以再以同樣的模式處理類似的流量差異。譬如說，你可以在亞洲或歐洲擇一低流量地域進行發行。這時你很可能壓抑不了畢其功於一役的衝動，想要加快發行，然而重點在於你必須一次只對一個代表某種顯著變化條件的地域做發行，例如發佈的輸入內容或負載之類。只有當你確信應用程式中所有潛在的正式環境輸入變數都已經通過測試後，才可以真正放心地展開平行加速發佈，確認應用程式會運作無誤、發行也都會成功完成。

當事情出錯時

到目前為止，我們已經看過了為軟體系統做全球性發行所需的各個層面，我們也看過該如何將這個發行過程結構化，以便將出錯的機會降至最低。不過要是真的出了問題時又該如何因應？所有的緊急應變人員都知道，在危機造成的恐慌中，人類的大腦會受到顯著的壓力影響，這時就算只是最簡單的流程往往都想不起來。而且事故發生時，公司上層自執行長開始的每一個主管，都如熱鍋上的螞蟻般，只希望及早看到「一切皆已平復」的消息，這種壓力更是讓事態雪上加霜，這時你就會看出如此的壓力有多容易讓人犯錯。此外，在這樣的情況下，只是在還原流程中忘記一個特定步驟這樣簡單的錯誤，都可能火上添油，讓事態更加惡化。

基於上述因素，當發行出現問題時，能夠迅速、冷靜、正確地回應問題，就成了最緊要的關鍵。為確保每一件必要的動作都能完成、而且以正確的順序進行，絕對有必要列出一份清楚的任務檢查清單，其中會依序列出動作的執行順序，以及每個步驟應有的輸出結果。不論是多麼想當然耳的步驟，都要如實一一記錄下來。在事態水深火熱的當下，即使是最顯而易見的步驟，也可能會被遺忘而不慎略過。

若要其他的應變人員也能在高度壓力的情況下做出正確回應，最好就是在沒有緊急壓力的前提下進行演練。在因應發行相關問題時所作的所有動作，都同樣適用這個道理。各位不妨先從因應事故及進行還原所需的步驟列舉開始著手。理想上第一個反應自然是「先止血」，也就是把使用者流量從受影響地域轉移出來，改放到未被發行影響、系統還能正常運作的地域。這就是你應該練習的第一個動作。你是否能成功地把流量從當地移出？要花多少時間？

當你首度嘗試轉移以 DNS 做負載平衡的流量時，你才會體會到我們的電腦竟有這麼多種暫存 DNS 資料的方式，還有它們竟能維持那麼久。可能要花上一整天才能徹底將流量從仰賴 DNS 做流量修整的地域完全撤出。不論你一開始是用何種方式轉移流量，都將其記錄下來。哪些事進行順利、哪些又耗時不順利？請靠著這些資料設定一個目標，決定要在多少時間內才能撤離特定百分比的流量，例如說要在 10 分鐘內撤出 99% 的流量之類。請不斷地演練這段過程，直到達成目標為止。你可能還需要對架構做一些調整才能達成此一目標。此外你也可能要設法把這個過程自動化，不要讓人還得靠剪貼指令的方式進行。不論做過什麼變動，演練都可以確保你在事故時的應變能力，同時你也可以從中體會到系統還有哪些地方需要改進其設計。

同樣的演練也適用於其他在系統上進行的每一種動作。你應該演練完整規模的資料還原。你也應該演練如何將系統全面復原至先前版本。同時為完成所需的時間訂下目標。記錄所有你曾犯錯的地方，然後加上驗證和自動化來減少發生錯誤的機會。透過演練來達成事故反應的既定效能目標，會增加你在真槍實彈場合的自信，能做出正確的反應。但是，就像應變人員需要持續訓練和學習一樣，你也需要經常演練，以確保所有團隊成員都熟知正確的反應方式，而且（可能也更重要的是）你的反應方式必須隨著系統變動與時俱進。

全球化發行的最佳實務做法

- 把映像檔散佈到全球各地。發行要成功，端看發佈的資料（二進位檔或映像檔）是否與使用位置夠接近而定。此舉亦可在網路緩慢或異常時，仍確保發行的可靠性。為確保一致性，請將地緣分佈列為自動化發行管線的一部分。
- 請盡可能地及早進行廣泛的整合和實況重現測試。只有當你對發佈的內容信心十足時才著手發行。
- 先在金絲雀地域發佈，這個地域屬於正式環境的前哨站，其他團隊或大型客戶皆可在此驗證**他們**對服務的操作，然後你才會展開大規模發行。
- 界定出你要發行的各地域各自特有的屬性。每一個差異都可能是造成失敗或規模不等故障的成因。請試著先從風險較低的地域開始發行。
- 對於可能面臨的問題或流程（例如還原），應記錄和演練反應動作。不要嘗試只靠記憶來進行動作，這一定會導致忙中有錯而使事態愈發惡化。

總結

雖然當下似乎沒有機會，但是我們之中大部分的人，在生涯中一定會有機會運作到全球化規模的系統。本章描述了如何建置和改進真正符合全球化設計的系統。同時也探討了如何籌備發行，以便在更新系統時能有最短的停機時間。最後我們談到如何提前設置和演練當事情出錯時應有的流程和程序（注意我們沒有用假設性說詞「如果事情出錯」而是「當事情出錯」）。

第八章

資源管理

在這一章中，我們會專注在 Kubernetes 資源的管理及最佳化所需的最佳實務做法上。我們會探討工作負載調度（workload scheduling）、叢集管理、pod 資源管理、命名空間管理、以及應用程式的規模調節。我們同時還會深入介紹一些 Kubernetes 所提供的進階調度技術，如 affinity、anti-affinity、taints、tolerations 以及 nodeSelectors。

我們也會向讀者們展示如何實作資源限制、資源請求、pod 的服務品質（Quality of Service）、`PodDisruptionBudget`、`LimitRanger`、以及 anti-affinity 策略等等。

Kubernetes 的調度工具

Kubernetes 的調度工具（scheduler）是控制面所負責的主要元件之一。當 Kubernetes 在叢集中部署 pod 時，調度工具會協助執行安置決策。它會依據叢集本身及使用者設下的約束條件，對資源做最佳化處理。過程中使用的是以特質（predicates）和優先程度（priorities）計算分數的演算法。

Predicates

Kubernetes 賴以進行調度決策的第一個函式，就是 predicate 函式，它會判斷哪些節點可供調度 pods 使用。該函式背後隱含的是屬於硬性的約束條件，因此它的回傳值非真即偽。舉例來說，當 pod 要求 4 GB 的記憶體、而節點無法滿足這種要求時，節點會傳回一個偽值，並將自己從 pod 的調度候選節點中去除。另一個例子則是節點將自己設為不可調度的（unschedulable）；這時也會將其從調度決策中剔除。

調度工具會按照限制程度和複雜程度依序檢查 predicates。在本書付梓前，已知調度工具會檢查下列的 predicates：

```
CheckNodeConditionPred,
CheckNodeUnschedulablePred,
GeneralPred,
HostNamePred,
PodFitsHostPortsPred,
MatchNodeSelectorPred,
PodFitsResourcesPred,
NoDiskConflictPred,
PodToleratesNodeTaintsPred,
PodToleratesNodeNoExecuteTaintsPred,
CheckNodeLabelPresencePred,
CheckServiceAffinityPred,
MaxEBSVolumeCountPred,
MaxGCEPDVolumeCountPred,
MaxCSIVolumeCountPred,
MaxAzureDiskVolumeCountPred,
MaxCinderVolumeCountPred,
CheckVolumeBindingPred,
NoVolumeZoneConflictPred,
CheckNodeMemoryPressurePred,
CheckNodePIDPressurePred,
CheckNodeDiskPressurePred,
MatchInterPodAffinityPred
```

優先程度

若是說 predicates 會依真偽值決定是否將節點排除在調度範圍之外，那麼優先程度（priority）值決定的就是依照相對值為節點排名。以下所列的優先程度會做為節點計分的依據：

```
EqualPriority
MostRequestedPriority
RequestedToCapacityRatioPriority
SelectorSpreadPriority
ServiceSpreadingPriority
InterPodAffinityPriority
LeastRequestedPriority
BalancedResourceAllocation
NodePreferAvoidPodsPriority
NodeAffinityPriority
TaintTolerationPriority
ImageLocalityPriority
ResourceLimitsPriority
```

分數會進行加總，然後會以節點的總積分決定其優先程度。舉例來說，如果有一個 pod 需要 600 millicores，而候選的兩個節點中，一個積分為 900 millicores、另一個則是 1,800 millicores，那麼後者的優先程度便較高。

如果節點的優先程度雷同，調度工具便會呼叫 `selectHost()` 函式，以輪詢的方式（round-robin）選擇節點。

進階的調度技術

對大部分的案例來說，Kubernetes 都會以最佳的方式幫你把 pods 調度好。它唯一考量的就是只把 pods 放在資源充裕的節點上。此外也會儘量地把來自同一個 ReplicaSet 的 pods 分散到各個節點上，以便增加可用性、同時平衡資源使用比例。如果這還不敷所需，Kubernetes 還允許各位以彈性化的方式影響資源調度。例如說，你也許會想把 pods 調度分散至跨越可用區域（zones），以減緩單一區域問題造成的應用程式離線。此外你也可能會想把 pods 集中到特定主機上，以取得效能上的優勢。

Pod 的 Affinity 和 Anti-Affinity

Pod 的聚合性（affinity）和反聚合性（anti-affinity）可以幫你設立放置 pods 時的相對規則。這些規則會影響調度的行為，同時會凌駕調度工具的安置決策之上。

舉例來說，反聚合性規則會允許你將來自同一 ReplicaSet 的 pods 分散至多個資料中心區域。這是利用 pods 裡設置的 keylabels 進行的。你可以用成對的鍵 / 值指示調度工具，將 pods 調度至同一節點（聚合性）、或是避免調度至相同節點（反聚合性）。

下例設定的 pod 就是以反聚合性為目標：

```
apiVersion: apps/v1
kind: Deployment
metadata:
  name: nginx
spec:
  selector:
    matchLabels:
      app: frontend
  replicas: 4
  template:
    metadata:
      labels:
        app: frontend
```

```
spec:
  affinity:
    podAntiAffinity:
      requiredDuringSchedulingIgnoredDuringExecution:
      - labelSelector:
          matchExpressions:
          - key: app
            operator: In
            values:
            - frontend
        topologyKey: "kubernetes.io/hostname"
  containers:
  - name: nginx
    image: nginx:alpine
```

這個設定會影響一份有四份抄本、而且帶有選擇器標籤 `app=frontend` 的 NGINX 部署。部署中設有 PodAntiAffinity 字樣的段落，這會確保調度工具不會把抄本放在單一節點上。如此一來，就算有一個節點故障，還是有充裕的 NGINX 抄本可以從快取區提供資料。

nodeSelector

要把 pods 調度至特定節點，最簡單的方式便是使用 nodeSelector。它利用以成對鍵 / 值構成的標籤選擇器來進行調度決策。例如說，你想把 pods 調度至具備特殊硬體的特定節點，例如 GPU 之類。這時各位大概會想「這不是只要用 node taint 就行了？」，答案是沒錯，你確實也可以這樣做。差別在於當你*要求*一個具有 GPU 的節點時，就要使用 nodeSelector，而 taint 則是會*保留*給只有 GPU 工作負載的節點。你可以同時使用 node taints 和 nodeSelectors 來為 GPU 工作負載保留節點，再透過 nodeSelector 自動選擇具備 GPU 的節點。

以下便是標示節點後，再使用 pod 規格中 nodeSelector 的例子：

```
kubectl label node <node_name> disktype=ssd
```

現在要建立一份 pod 規格，其中含有 nodeSelector 設定，其鍵 / 值為 `disktype: ssd`：

```
apiVersion: v1
kind: Pod
metadata:
  name: redis
  labels:
    env: prod
spec:
  containers:
```

```
    - name: frontend
      image: nginx:alpine
      imagePullPolicy: IfNotPresent
    nodeSelector:
      disktype: ssd
```

利用 nodeSelector 即可把 pods 調度至只有 `disktype=ssd:` 標籤的節點。

Taints 和 Tolerations

Taints 的目的是用來把節點排除在 pods 調度範圍之外。可是這不是反聚合性在負責的事嗎？話是沒錯，不過 taints 使用的方式異於 pod 聚合性，其用途也不盡相同。例如說，你的 pods 可能會要求特定的性能特質，而你不想把其他的 pods 調度到這特定節點上。Taints 會搭配 *tolerations* 運作，後者允許你覆蓋已經 taint 過的節點。將兩者結合，就可以更精密地調校反聚合性規則。

一般來說，你會在以下案例中同時並用 taints 和 tolerations：

- 特殊的節點硬體
- 專屬節點的資源
- 避開性能低下的節點

taint 的類型有好幾種，影響容器調度與運作的方式亦各自不同：

NoSchedule

硬性的 taint，會阻止節點列入調度

PreferNoSchedule

只有當 pods 沒有節點可供調度時才在此調度

NoExecute

將仍在運行的 pods 從節點逐出

NodeCondition

如果節點符合特定狀況，把它 taint 起來

圖 8-1 展示的就是一個被 `gpu=true:NoSchedule` 給 taint 過的節點。Pod Spec 1 裡有一個 toleration 鍵，其值為 `gpu`，因此它會接受 tainted 節點調度進入。反觀 Pod Spec 2，其 toleration 鍵值為 `no-gpu`，因此它不會被調度進入此一節點。

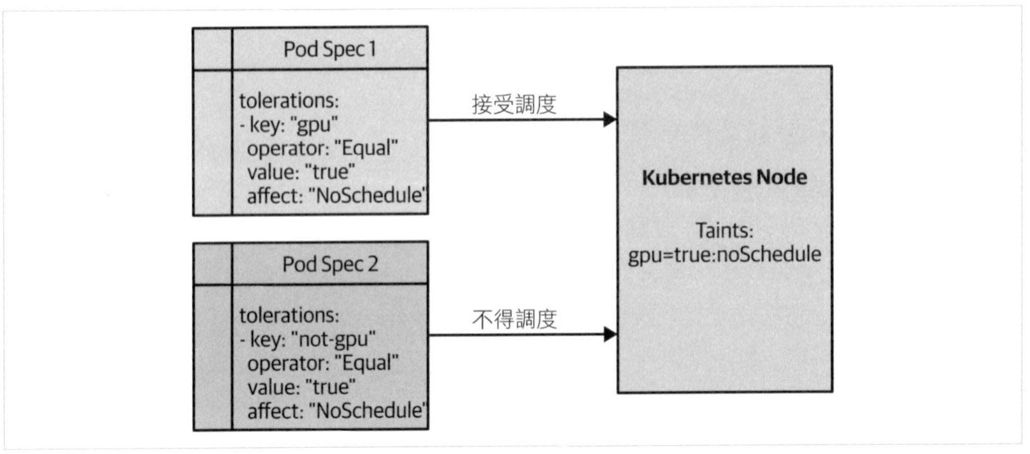

圖 8-1　Kubernetes 的 taints 和 tolerations

當 pod 因節點為 tainted 而無法調度進入時，你會看到以下的錯誤訊息：

```
Warning: FailedScheduling 10s (x10 over 2m) default-scheduler 0/2 nodes are
available: 2 node(s) had taints that the pod did not tolerate.
```

現在，你已經知道如何手動為節點加上 taints 以影響調度。此外，尚有一種名為 *taint-based eviction*（**按照** *taint* **的狀態驅逐**）的有力概念，可以藉其驅逐運行中的 pods。舉例來說，如果一個節點因為磁碟損壞而變得不健康，按照 taint 狀態驅逐的方式就會把主機上的 pods 重新調度至叢集中其他健康的節點。

Pod 的資源管理

在 Kubernetes 中管理應用程式，最要緊的面向之一就是適度地管理 pod 的資源。Pod 的資源管理涵蓋 CPU 與記憶體，你必須將 Kubernetes 叢集的整體使用率最佳化。這些資源可以從容器的層面管理、也可以從命名空間的層面管理。當然還有其他像是網路和儲存之類的資源，但 Kubernetes 尚未發展出對這類資源設置請求和限制的方式。

為了要讓調度工具將資源最佳化，同時做出明智的安置決策，它必須先理解應用程式的需求。舉例來說，若某個容器（亦即應用程式）需要至少 2 GB 的記憶體來運作，我們就必須在 pod 的規格中加以定義，這樣一來調度工具才會知道該容器需要從主機取得 2 GB 記憶體。

資源請求

一個 Kubernetes 的資源**請求**，定義了容器需要調度取得 *X* 數量的 CPU 或記憶體。如果你在 pod 規格中指定容器的資源請求需要 8 GB，而你的節點全都只有 7.5 GB 的記憶體，那麼這個 pod 就無法調度進入。如果 pod 無法進行調度，它的狀態就會變成 *pending*（**延宕**），直到所需的資源齊備為止。

我們來看看它在叢集上是如何運作的。

若要判斷叢集中尚有多少可用資源，請利用 `kubectl top`：

```
kubectl top nodes
```

輸出會像這樣（此處記憶體大小也許與你的叢集規模不同）：

```
NAME                         CPU(cores)    CPU%    MEMORY(bytes)    MEMORY%
aks-nodepool1-14849087-0     524m          27%     7500Mi           33%
aks-nodepool1-14849087-1     468m          24%     3505Mi           27%
aks-nodepool1-14849087-2     406m          21%     3051Mi           24%
aks-nodepool1-14849087-3     441m          22%     2812Mi           22%
```

如上例所示，主機上可用的最大記憶體容量為 7,500 Mi，所以我們就來調度一個請求 8,000 Mi 記憶體容量的 pod：

```
apiVersion: v1
kind: Pod
metadata:
  name: memory-request
spec:
  containers:
  - name: memory-request
    image: polinux/stress
    resources:
      requests:
        memory: "8000Mi"
```

注意，這個 pod 會停在延宕狀態，如果你檢查 pods 裡的事件，就會看到沒有節點可供調度 pods 使用：

```
kubectl describe pods memory-request
```

事件輸出如下：

```
Events:
  Type     Reason             Age                From               Message
  Warning  FailedScheduling   27s (x2 over 27s)  default-scheduler  0/3 nodes are
available: 3 Insufficient memory.
```
[譯註 1]

資源限制和 Pod 的服務品質

Kubernetes 的資源**限制**所定義的，是 pod 被給予的最大 CPU 或記憶體容量。當你指定 CPU 和記憶體限制時，兩者會在到達指定的極限時各自採取不同的舉動。CPU 的限制會抑制容器，令其不得使用超過指定限制值的 CPU 資源。而記憶體限制則會在到達指定極限時直接重啟 pod。重啟後，pod 也許會停留在原本的主機，也可能跑到叢集中其他主機上去。

為容器定義限制是很合乎實務的做法，此舉可以確保應用程式在叢集中可以分配到自己應得的一份資源：

```
apiVersion: v1
kind: Pod
metadata:
  name: cpu-demo
  namespace: cpu-example
spec:
  containers:
  - name: frontend
    image: nginx:alpine
    resources:
      limits:
        cpu: "1"
      requests:
        cpu: "0.5"

apiVersion: v1
kind: Pod
metadata:
  name: qos-demo
```

譯註 1　訊息的意思是「0 個節點可用，因為記憶體不足」。

```
  namespace: qos-example
spec:
  containers:
  - name: qos-demo-ctr
    image: nginx:alpine
    resources:
      limits:
        memory: "200Mi"
        cpu: "700m"
      requests:
        memory: "200Mi"
        cpu: "700m"
```

建立 pod 時，它會被指派以下之一的服務品質（Quality of Service, QoS）類別：

- 有保證的（Guaranteed）
- 可上調的（Burstable）
- 盡力而為的（Best effort）

當 pod 的 CPU 與記憶體的請求和限制都符合時，它分配到的 QoS 就是**有保證的**（*guaranteed*）。至於**可上調的**（*burstable*）QoS，意指其限制值高於請求值，亦即容器不但保證可以滿足資源請求，還能上調至容器所設的限制為止。如果 pod 的 QoS 是**盡力而為的**（*best effort*），則代表 pod 中容器的請求和限制值都完全不設限，節點會儘量滿足其需求。

圖 8-2 描繪的便是 QoS 分配給 pods 的方式。

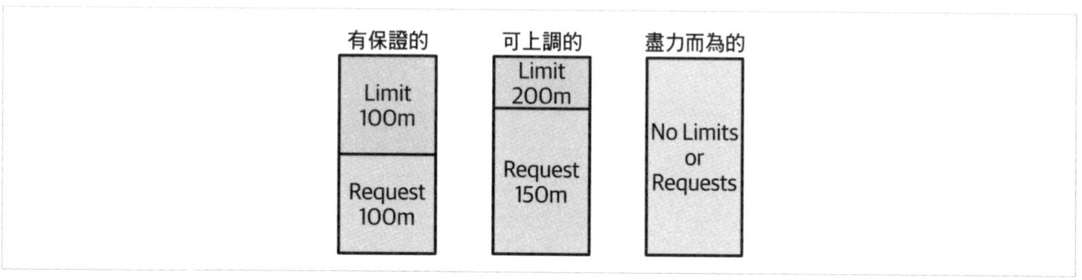

圖 8-2　Kubernetes 的 QoS

對於有保證的 QoS，如果 pod 內有數個容器時，就必須為每個容器定義記憶體的請求和限制值，CPU 也是如此。如果沒有替每個容器設定請求和限制值， 就不會被指派為有保障的 QoS。

PodDisruptionBudgets

在特定的時間點，Kubernetes 會需要將 pods 從主機**逐出**。驅逐的類型也分兩種：**自願性**與**非自願性**的破壞方式。非志願性的破壞方式可能源於硬體故障、網路阻隔、核心錯誤、或是有節點耗盡資源。志願性的驅逐則可能肇因於叢集需要進行維護、Cluster Autoscaler（叢集自動調節工具）要撤除節點、或是要更新 pod 範本。為了降低應用程式所受的影響，可以設置一個 `PodDisruptionBudget`，確保在需要驅逐 pods 時仍可讓應用程式保持運作。`PodDisruptionBudget` 是一個策略，其中定義了進行志願性驅逐期間，至少要有多少 pods 可用、以及最多有多少 pods 可以離線。志願性驅逐的例子之一，就是要排除節點以便進行維護的時候。

舉例來說，你可以指定在特定的時間內，應用程式中離線的 pods 不得超過 20%。同時也可以在策略中指定一定要有 *X* 份抄本存在以供運作。

最低可用量

在下例中，我們設定了一個 `PodDisruptionBudget`，以便指定至少要有 5 個 app: front-end 可用。

```
apiVersion: policy/v1beta1
kind: PodDisruptionBudget
metadata:
  name: frontend-pdb
spec:
  minAvailable: 5
  selector:
    matchLabels:
      app: frontend
```

上例中的 `PodDisruptionBudget` 指定隨時隨地都至少要有 5 份 frontend app 的 pods 抄本可供使用。在這種場合執行驅逐時，不論驅逐多少，只要能保持 5 份可用就行了。

最高不可用量

在下例中設置的 `PodDisruptionBudget`，可以處理最多 10 份 frontend app 抄本離線：

```
apiVersion: policy/v1beta1
kind: PodDisruptionBudget
metadata:
  name: frontend-pdb
spec:
  maxUnavailable: 20%
  selector:
    matchLabels:
      app: frontend
```

在上例中，`PodDisruptionBudget` 指定，在特定時間內不能使用的 pods 抄本數，不得超過總數的 20%。在這種場合執行志願性驅逐時，最多就只能驅逐 pods 總數的 20%。

設計 Kubernetes 叢集時，最要緊的就是要思考叢集資源的規模，以便處理若干故障的節點。例如，如果你有一個叢集係以四個節點組成，而其中之一故障，你就會損失四分之一的叢集容量。

以百分比定義 pod 的破壞成本時，不一定會牽涉到特定數量的 pods。例如你的應用程式裡有 7 個 pods，但你指定的 `maxAvailable` 是 `50%`，因此算出的可用 pods 數就會帶有小數，搞不清究竟該是 3 還是 4。這時 Kubernetes 會自動進位至最接近的整數，因此 `maxAvailable` 會是 4 個 pods。

以 Namespaces 管理資源

Kubernetes 裡的**命名空間**（*Namespaces*），可以將叢集中部署的資源以邏輯的方式區分開來。亦即此舉可以根據每個命名空間設置各自的資源配額、各自的角色存取控制（RBAC）、以及各自的網路策略。這是一種軟性的分租功能，可以把叢集中的工作負載區分開來，特定的基礎設施不再是只能專門留給一個團隊或應用程式。如此便可有效地運用叢集資源，又可以保持邏輯形式上的區隔。

例如，你可以替每個團隊製作一個命名空間，然後分別指定它們可以運用的資源數量配額，例如 CPU 和記憶體。

在規劃命名空間設計時，應該考慮到你對特定應用程式的存取控制方式。如果你有數個團隊共用一個叢集，通常最好是替每個團隊指定一個命名空間。如果叢集只屬於某個團隊，那麼替叢集中部署的每個服務分配一個命名空間就很合理。這沒有一定的答案；而是由你的組織架構和執掌來決定設計方式。

部署了 Kubernetes 叢集後，各位會在其中看到以下的命名空間：

`kube-system`

Kubernetes 的內部元件預設都部署在此，例如 `coredns`、`kube-proxy` 和 `metrics-server` 等等。

`default`

如果你不曾為資源物件指定命名空間，預設就會部署至這個命名空間。

`kube-public`

用於不具名（anonymous）和未經認證的內容，通常保留給系統使用。

最好避免使用預設命名空間 default，因為此舉極易在管理叢集內資源時發生錯誤。

以 `kubectl` 操作命名空間時，需搭配 `--namespace` 旗標、 或是短格式的 `-n`：

```
kubectl create ns team-1

kubectl get pods --namespace team-1
```

你也可以把 `kubectl` 的操作情境（context）設置在特定的命名空間裡，這樣一來就省卻了每次執行指令時還要加上 `--namespace` 旗標的麻煩。以下就是指定命名空間情境的指令[譯註 2]：

```
kubectl config set-context my-context --namespace=team-1
```

處理多重命名空間和叢集時，個別指定不同的命名空間及叢集執行情境確實很麻煩。我們發現，使用 kubens（*https://github.com/ahmetb/kubectx*）和 kubectx（*https://github.com/ahmetb/kubectx*）會有助於在不同的命名空間及執行情境間切換。

譯註 2 這個動作有點像是指定預設路徑，這樣在執行指令時若是未曾指定命名空間，就會自動以這個設置來決定要操作的命名空間對象。

ResourceQuota

當多個團隊或應用程式共用一個叢集時，務必要替命名空間設置 ResourceQuota。ResourceQuota 可以把叢集分割成邏輯單元，這樣就不至於讓單一命名空間消耗到超過自己在叢集中應有的資源份量。以下的資源都可以設定配額：

- 運算類資源
  - — requests.cpu：CPU 請求總和不得超越此限
  - — limits.cpu：CPU 限制的總和不得超越此限
  - — limit.memory：記憶體的請求總和不得超越此限
- 儲存類資源
  - — requests.storage：儲存請求總和不得超越此限
  - — persistentvolumeclaims：此一命名空間中能存在的 PersistentVolume 聲請總量
  - — storageclass.request：與特定 storageclass 有關的卷冊請求不得超越此限
  - — storageclass.pvc：與特定 storageclass 有關的 PersistentVolume 聲請總數
- 物件數量配額（僅為範例集合）
  - — count/pvc
  - — count/services
  - — count/deployments
  - — count/replicasets

如同清單所列，Kubernetes 允許各位為每個命名空間精密地調節資源配額。這樣一來就能更有效地控制分租叢集的資源運用。

我們來替命名空間設置配額，看看它們如何運作。請把以下的 YAML 檔套用在命名空間 team-1 上：

```
apiVersion: v1
kind: ResourceQuota
metadata:
  name: mem-cpu-demo
  namespace: team-1
spec:
  hard:
    requests.cpu: "1"
    requests.memory: 1Gi
    limits.cpu: "2"
```

```
    limits.memory: 2Gi
    persistentvolumeclaims: "5"
    requests.storage: "10Gi
```

```
kubectl apply quota.yaml -n team-1
```

上例涵蓋命名空間 team-1 的 CPU、記憶體、以及儲存的配額。

現在讓我們試著部署應用程式，看看資源配額如何影響部署：

```
kubectl run nginx-quotatest --image=nginx --restart=Never --replicas=1 --
port=80 --requests='cpu=500m,memory=4Gi' --limits='cpu=500m,memory=4Gi' -n
team-1
```

這份部署不會成功，因為它超過了 2Gi 這個記憶體配額的限制：

```
Error from server (Forbidden): pods "nginx-quotatest" is forbidden: exceeded
quota: mem-cpu-demo
```

如上例所示，設置資源配額，就能按照各位為命名空間設置的策略，拒絕超額的資源部署。

LimitRange

我們已經探討過如何設置容器層級的請求和限制值，但若是使用者忘記在 pod 規格中加上這些設定時，會發生什麼事？ Kubernetes 其實提供了一個入境控制器，可以幫各位在忘記於規格中加入上述設定時，自動補上設定。

首先建立一個命名空間，以便搭配使用配額和 LimitRange：

```
kubectl create ns team-1
```

然後把 LimitRange 套用在命名空間上，以便在限制成立時套用 defaultRequest：

```
apiVersion: v1
kind: LimitRange
metadata:
  name: team-1-limit-range
spec:
  limits:
  - default:
      memory: 512Mi
    defaultRequest:
      memory: 256Mi
    type: Container
```

把以上內容儲存為 *limitranger.yaml* 檔案，然後執行 `kubectl apply` 套用它：

```
kubectl apply -f limitranger.yaml -n team-1
```

現在驗證一下 `LimitRange` 確實已經加上了預設的限制和請求值：

```
kubectl run team-1-pod --image=nginx -n team-1
```

接下來，我們試著描述這個 pod，看看它已經被加上哪些請求和限制值：

```
kubectl describe pod team-1-pod -n team-1
```

各位應該會看到 pod 規格中已經加上了以下的請求與限制值：

```
Limits:
      memory:  512Mi
    Requests:
      memory:  256Mi
```

重要的是 `LimitRange` 必須搭配 `ResourceQuota` 使用，因為若是規格中沒加上請求或限制值，部署就會被拒絕。

叢集規模的調節

在部署叢集時，各位面臨的初步抉擇之一，就是叢集中的實例（instance）規模，尤其是當你在叢集中混合多種工作負載的時候，這個抉擇會更需要巧思。首先，你必須為叢集辨識出最佳的起點；作法之一就是以平衡 CPU 和記憶體為目標。一旦你已經決定了叢集的合理規模，就可以利用幾種 Kubernetes 的核心原生功能來調節叢集的規模。

手動調節

要調節 Kubernetes 的叢集規模非常簡單，尤其是當你運用 Kops 或是由託管的 Kubernetes 所提供的工具的時候。手動調節叢集規模通常只需選定一個新的節點數量，然後 Kubernetes 的服務就會自動把新的節點加入至叢集當中。

這類工具通常也允許設置節點池（node pools），藉以為已在運行的叢集添加新的實例類型（instance type）。當單一叢集中有混合的工作負載時，這就會很有用。舉例來說，其中一種工作負載比較偏重 CPU 導向，而其他則屬於記憶體導向的應用程式。有了節點池，就可以在單一叢集中混合不同的實例類型。

或許你不想手動為之，而是想以自動調節（autoscale）代替。這時有幾件關於叢集自動調節規模的事情必須考慮，而我們也注意到，大部分的使用者最好還是等到需要資源時，再從主動調節節點開始入手。只有當你的工作負載變動十分激烈時，自動調節才能有效地發揮其價值。

自動調節叢集規模

Kubernetes 具備一種外掛的叢集自動調節器（Cluster Autoscaler），允許為叢集設置可用的基礎節點數、以及叢集可以膨脹到最多若干節點數。Cluster Autoscaler 係以 pod 是否處於延宕狀態而進行調節決策。例如說，如果 Kubernetes 的調度工具嘗試調度一個記憶體請求為 4,000 Mib 的 pod，但叢集只有 2,000 Mib 可用，就會被置於延宕狀態。一旦 pod 延宕啟動，Cluster Autoscaler 就會為叢集添加節點。一旦新節點加入叢集，延宕的 pod 就會被調度至該節點。Cluster Autoscaler 的缺點在於，只有當 pod 出現延宕時，新節點才會加入，因此你的工作負載必須等上一段時間，直到新節點上線、可以接受 pod 調度進入為止。直到 Kubernetes 的 1.15 版，Cluster Autoscaler 都還不支援依照自訂指數調節規模的方式。

Cluster Autoscaler 也可以在資源需求消失後縮減叢集規模。一旦不再需要那麼多資源，Cluster Autoscaler 就會把節點抽出，並將 pods 重新調度至叢集中其他還存在的節點。當 Cluster Autoscaler 從叢集中抽離節點時，你可以透過 `PodDisruptionBudget` 來確保應用程式不會受到負面影響。

應用程式的規模調節

Kubernetes 提供數種方式，藉以調節叢集應用程式的規模。各位可以手動更改部署時的抄本數量，藉此調節應用程式規模。也可以更改 ReplicaSet 或抄寫控制器，但我們不建議透過這些做法管理應用程式。對於較為穩定的工作負載、或是你確知何時工作負載會突增的狀況下，手動調節規模也許適合，但對於會無預警突然暴增的、或是不穩定的工作負載，手動調節規模便不合適該應用程式。幸好 Kubernetes 還提供了所謂的橫向 pod 自動調節器（Horizontal Pod Autoscaler, HPA），以便自動調節工作負載。

我們先來看一下如何更改 Deployment 的項目清單，以便手動調節部署規模：

```
apiVersion: extensions/v1beta1
kind: Deployment
metadata:
  name: frontend
spec:
```

```
  replicas: 3
  template:
    metadata:
      name: frontend
      labels:
        app: frontend
    spec:
      containers:
      - image: nginx:alpine
        name: frontend
        resources:
          requests:
            cpu: 100m
```

上例會部署三份前端服務的抄本。我們可以透過 kubectl scale 指令調節此一部署的規模：

```
kubectl scale deployment frontend --replicas 5
```

結果就是前端服務會出現五份抄本。確實方便，但我們要來看看如何以較聰敏的方式，按照指數來自動調節應用程式規模。

透過 HPA 調節規模

Kubernetes 的橫向 pod 自動調節器（Horizontal Pod Autoscaler, HPA）允許各位依照 CPU、記憶體、或是自訂的指數來調節部署的規模。HPA 會監看部署，並從 Kubernetes 的 metrics-server 取得指數。它也可以設定可用 pods 數量的上下限。舉例來說，你可以定義一個 HPA 策略，將最低 pods 數量訂為 3、最高 pods 數量訂為 10，而且要在部署的 CPU 用量到達 80% 時開始調節。設定上下限非常重要，因為你不會希望因為應用程式的臭蟲或問題而導致 HPA 把抄本膨脹到無上限。

HPA 具備下列預設值，分別用於同步指數、上調或下調抄本時參考：

horizontal-pod-autoscaler-sync-period

預設每 30 秒同步指數一次

horizontal-pod-autoscaler-upscale-delay

預設在兩次調高抄本數量的動作之間應間隔三分鐘

horizontal-pod-autoscaler-downscale-delay

預設在兩次調低抄本數量的動作之間應間隔五分鐘

你可以用相關的旗標來更改以上的預設值，但過程中必須小心。如果你的工作負載變動十分劇烈，最好是多試幾種設定方式，以便得出你自己的案例所需的最佳數值。

我們來替先前練習時部署的前端應用程式設置一個 HPA 策略。

首先，把部署公開至通訊埠 80：

```
kubectl expose deployment frontend --port 80
```

接下來要設定 autoscale 策略：

```
kubectl autoscale deployment frontend --cpu-percent=50 --min=1 --max=10
```

這個策略會在 CPU 負載達到 50% 時，自動在最少 1 個、最多 10 個的規模間調節你的應用程式。

現在，藉由產生一些模擬負載來觀察部署 autoscale 的成效：

```
kubectl run -i --tty load-generator --image=busybox /bin/sh

Hit enter for command prompt
while true; do wget -q -O- http://frontend.default.svc.cluster.local; done

kubectl get hpa
```

你或許需要等上幾分鐘才能看到抄本的規模開始自動上升。

若想要進一步了解自動調節的演算法內部細節，請參閱其設計提案（*https://oreil.ly/nKnez*）。

以自訂指數進行 HPA

在第 4 章時，我們介紹過指數伺服器（metrics server）在監看 Kubernetes 當中的系統時所扮演的角色。透過 Metrics Server 的 API，就可以依照自訂（custom）指數來調節應用程式規模。Custom Metrics API 和 Metrics Aggregator 可以接受第三方供應者的內掛工具以延伸指數種類，而 HPA 就可以依據這些外部指數調節規模。例如，調節不再只是根據基本的 CPU 和記憶體指數，而是按照你從外部儲存佇列取得的指數為之。透過運用自訂指數進行自動調節，就等於具備了可以按照外部服務或應用程式特有的指數來調節的能力。

縱向 Pod 自動調節器

縱向 Pod 自動調節器（Vertical Pod Autoscaler, VPA）和 HPA 不同之處，在於它調節的不是抄本數量；相反地，它會自動調節請求量。本章先前曾談過如何替 pods 設置請求值、以及如何確保特定容器有 *X* 數量的資源可供運用。有了 VPA，各位就不用再手動調節請求值，而是由 VPA 自動為我們調節增減 pod 的請求量。對於那些囿於架構、無法調整的工作負載，VPA 可以有效地自動調節資源量。舉例來說，一個 MySQL 資料庫是無法像無狀態網頁前端程式那樣做水平擴展調節的。但是卻可以把主節點（Master nodes）設定為可以按照工作負載增加規模。

VPA 比 HPA 更為複雜，它含有三個元件：

`Recommender`
: 監看既有和過往的資源消耗量，並為容器的 CPU 和記憶體請求提供建議值

`Updater`
: 檢查哪些 pods 的資源設定正確，如有不當，便將 pods 清除，由控制器按照更新過的請求值重新產生 pods

`Admission Plugin`
: 在新的節點上設置正確的資源請求值

直到 Kubernetes 的 1.15 版，仍不建議在正式環境部署當中使用 VPA。

資源管理的最佳實務做法

- 利用 pod 的反聚合性，將工作負載分散至多個可用的區域，以確保應用程式的高可用性。
- 如果你採用了特製的硬體，像是具備 GPU 的節點之類，就要確保只有需要 GPU 的工作負載會透過 taints 被調度到這些節點上。
- 利用 `NodeCondition` 這個 taints 來主動避開故障或退化的節點。
- 將 nodeSelectors 套用到 pod 規格上，以便將 pods 調度至已部署在叢集中的專屬硬體之上。

- 在進入正式環境前，請實驗不同規模的節點組合，找出最佳成本與效能組合的節點類型。
- 如果要部署效能特性彼此互異的工作負載，請在單一叢集中利用節點池來混合不同類型的節點。
- 務必確認所有配置至叢集中的 pods 都已設置記憶體和 CPU 限制。
- 利用 `ResourceQuota` 來確保多個團隊或應用程式都能從叢集分配到自己應有的一份資源。
- 以 `LimitRange` 替規格中未曾設置限制或請求值的 pod 加上預設的限制或請求值。
- 先從手動調節叢集規模著手，直到你已熟悉 Kubernetes 中的工作負載特質為止。自動調節不是不能用，而是還有其他考量，像是節點啟動所需的時間、以及叢集縮減規模等等。
- 對使用時會出現不可預期尖峰用量的工作負載使用 HPA 進行調節。

總結

在這一章裡，我們探討了如何以最佳化的方式管理 Kubernetes 和應用程式的資源。Kubernetes 提供了許多內建的資源管理功能，讓各位可以用來維護一個可靠的、充分運用的、有效率的叢集。要調整叢集和 pod 的規模，開始時也許困難些，但是只需好好地監看正式環境中的應用程式，就可以找出資源最佳化的方式。

第九章

網路、網路安全和服務網格

在以相互連結的系統所構成的叢集裡，Kubernetes 可以有效地管理分佈其中的分散式系統。因此這些互連的系統彼此間如何溝通的重要性顯然會大為增加，這時網路就成了關鍵因素。要能有效地運用服務間的通訊，就必須先了解 Kubernetes 是如何簡化它所管理的分散式服務之間的通訊。

本章會專門介紹 Kubernetes 的網路原則，以及如何在各種情況下運用這些觀念的最佳實務做法。凡是討論到網路，就一定離不開安全性。傳統上，由網路層控制的網路安全邊界模型，在 Kubernetes 的嶄新分散式系統世界中也仍然存在，只不過其實作方式和功能略有變動。Kubernetes 引進了原生的網路安全策略 API，與傳統的防火牆規範有異曲同工之妙。

本章的最後一節特別鑽研了新穎又令人畏懼的服務網格。雖說我們用了「畏懼」一詞，但服務網格技術對於 Kubernetes 而言，其實仍是一個新興的領域。

Kubernetes 的網路原則

了解 Kubernetes 如何利用底層網路來簡化服務間通訊，是有效規劃應用程式架構的關鍵。通常網路題材都會讓大多數人感到頭疼。我們在說明時會儘量保持簡化，因為到頭來本書不過只是最佳實務指南，而非容器網路課程。幸好 Kubernetes 已經立下了若干網路規範，有助於我們起步。這些規範詳列了不同元件間的通訊方式。我們這就來詳細地檢視每個規範：

同一 *pod* 中的容器間通訊

所有位於相同 pod 中的容器都共用一樣的網路空間。因此容器間只需使用本機（localhost）就能有效地通訊。它也意味著同一個 pod 中的容器必須以各自不同的通訊埠對外公開。這需要用到 Linux 的命名空間（namespaces）和 Docker 的網路功能，透過每個 pod 中都有的一個停滯（paused）容器來專門運作 pod 網路功能，才能讓這些容器處在同一個局部網路上。圖 9-1 展示的就是容器 A 如何只靠 localhost 和容器 B 聆聽的通訊埠號，就能與容器 B 直接通訊。

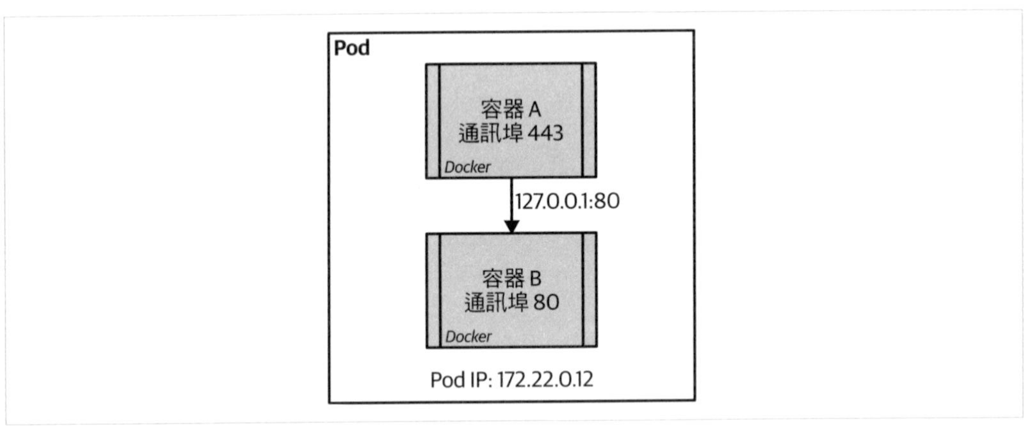

圖 9-1　在 pod 內的容器間通訊

Pod 對 *pod* 之間的通訊

所有的 pods 彼此通訊時都不需用到網路位址轉換（network address translation, NAT）。亦即發送端 pod 為接收端 pod 所知的 IP 位址，就是發送端實際的 IP 位址。這有幾種不同的處理方式，端看用的是哪一種網路植入元件（plug-in）而定，這在本章稍後會詳細解說。此一規範對於位在同一節點內的 pod 之間、以及位在同叢集但不同節點的 pod 之間，都一樣有效。這同時也延伸到可以不透過 NAT、直接與 pod 溝通的節點。必要時這還可以讓主機代理程式（host-based agents）或系統服務（system daemons）直接與 pod 通訊。圖 9-2 呈現的便是在相同節點的 pods 之間、以及位於叢集中不同節點的 pods 之間的通訊過程。

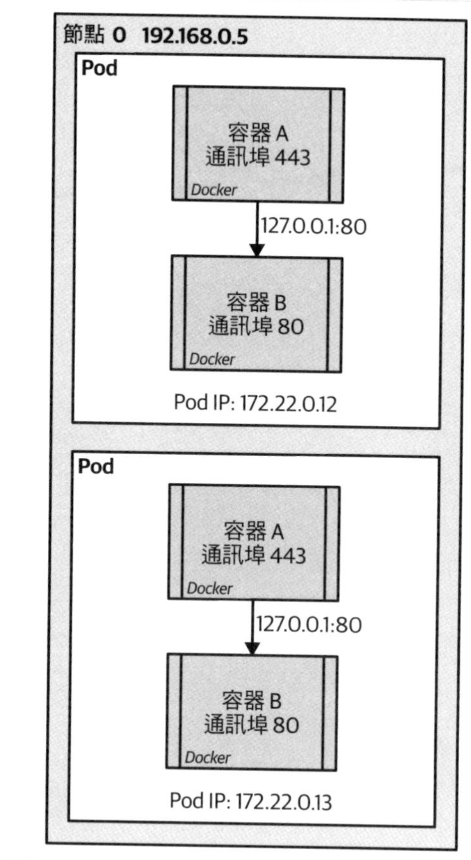

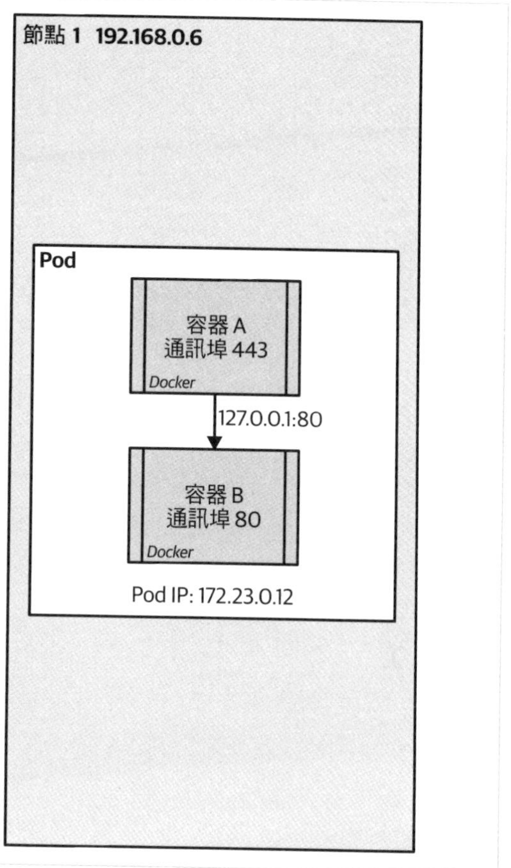

圖 9-2　在節點內外的 Pod 對 pod 的通訊

服務對 *pod* 的通訊

Kubernetes 裡的服務，係以一個持續存在的 IP 位址和各節點的通訊埠來呈現，該通訊埠會把所有的流量轉給服務所對映（mapped）的端點。隨著 Kubernetes 的演變，其偏好的實作方式也不斷在變動，但主要的兩種方式，就是透過 iptables、或是較新穎的 IP 虛擬伺服器（IP Virtual Server, IPVS）。今日大部分的實作皆以 iptables 為大宗，它會在每個節點啟用一個虛擬的第 4 層負載平衡器。圖 9-3 就是如何以標籤選擇器（label selectors）將服務和 pods 結合的示意圖。

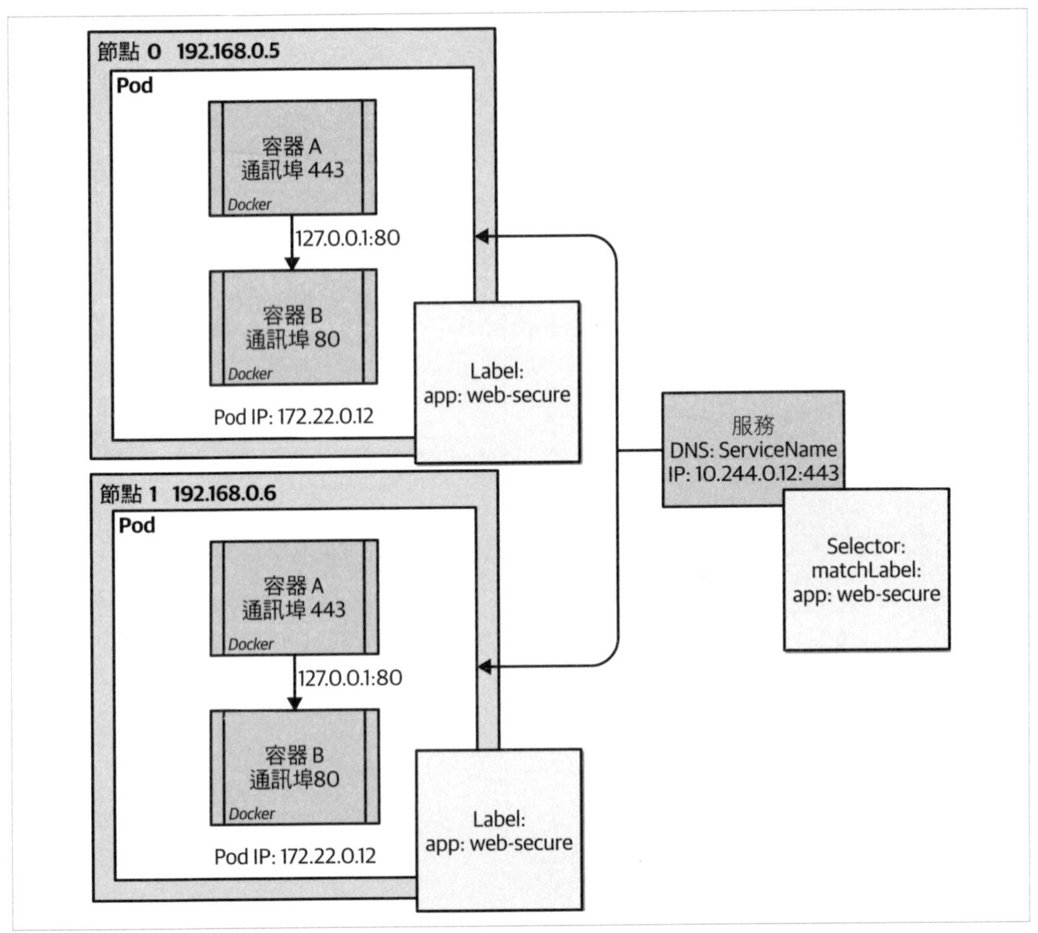

圖 9-3 服務對 pod 的通訊

網路植入元件

早先的 Special Interest Group（SIG）刻意將網路標準導向可插拔式架構，因而為諸多的第三方網路專案大開方便之門，許多案例都將加值功能植入到 Kubernetes 的工作負載之中。這些網路植入元件（plug-ins）分成兩類。最基本的便是 Kubenet，這也是 Kubernetes 內部預設的植入元件。第二種則是遵循容器網路介面（Container Network Interface, CNI）規格的植入元件，這也是容器之間通行的網路植入元件解決方案。

Kubenet

Kubenet 是 Kubernetes 一開始就具備的最基本網路植入元件。它是最簡單的植入元件，只提供一個 Linux 內部的橋接器 `cbr0`，這是一個虛擬的乙太網路網段，專供 pods 連接用。所有的 pod 接著會從不分類域間路由（Classless Inter-Domain Routing, CIDR）的 IP 範圍中取得一個位址，這個範圍是橫跨叢集中所有節點的。此外還有一個 IP 偽裝（masquerade）的旗標，設定它才能讓目標為 pod CIDR 範圍以外 IP 位址的流量得以偽裝。這樣一來就確實遵循了 pod 間通訊的規範，因為只有通往 pod CIDR 以外的流量需要經由網路位址轉換（network address translation, NAT）的處理。當封包離開節點前往另一個節點時，必須經過某種路由機制，才能簡化將流量轉往正確節點的流程。

Kubenet 的最佳實務做法

- Kubenet 有助於簡化網路堆疊，也不會在已經過於擁擠網路中消耗原就緊缺的 IP 位址。對於從雲端延伸到內部自有資料中心的網路而言，尤其重要。
- 確認 pod CIDR 的範圍大到足以處理叢集和其中 pods 可能形成的網路規模。在 kubelet 中，每個節點預設的 pods 數目是 110 個，但這個值可以調整。
- 理解並小心規劃路由規範，以便讓流量找到位於正確節點的 pods。在雲端服務中，這個過程通常都會自動化，但對於內部自有網路或極端案例而言，就需要自行處理自動化部分、同時對網路有更實在的管理。

CNI 植入元件

CNI 植入元件的規格中保留了一些基本需求。規格中制訂了 CNI 所提供的介面和最基本的 API 動作，以及應如何與叢集中使用的容器執行期間互動。CNI 也會定義網路管理元件，但它們必須涵蓋某種形式的 IP 管理、同時至少也要能允許增刪網路中的容器。原本從 `rkt` 網路提案推導而得的完整原始規格，可參照 *https://oreil.ly/wGvF7*。

核心的 CNI 專案提供了程式庫，讓各位用於自行撰寫植入元件，以便滿足基本需求、同時可以呼叫其他各種執行不同功能的植入元件。這種適應性造就了大量的 CNI 植入元件，讓各位可以運用在容器網路當中，從微軟 Azure native CNI 和 Amazon Web Services（AWS）VPC CNI 植入元件等雲端供應商特有的植入元件，到傳統的網路供應商植入元件（如 Nuage CNI、Juniper Networks Contrail/Tunsten Fabric、以及 VMware NSX），皆屬此類。

CNI 的最佳實務做法

Kubernetes 環境要運作良好，網路是不可或缺的元件。Kubernetes 中的虛擬元件和實體網路環境之間的互動，必須經過小心的設計，方可確保應用程式的通訊可靠無誤：

1. 評估有哪些基礎設施的整體網路目標必備功能需要完成。有些 CNI 植入元件會提供原生的高可用性、跨雲端互連性、對 Kubernetes 網路策略的支援、以及其他各種不同的功能。

2. 如果你的叢集運作在公有雲上，請驗證一下如果不是雲端供應商的軟體定義網路（Software-Defined Network, SDN）自身提供的任何 CNI 植入元件，它是否還能支援。

3. 請驗證你的網路安全工具、網路可觀察性、以及管理工具，是否都和你選用的 CNI 植入元件相容，如果答案是否定的，儘快找出有哪些相容的替代品可用。無論如何都不能犧牲可觀察性或安全性的相關功能，因為當你移往像是 Kubernetes 這樣大規模的分散式系統時，會更需要這些功能的協助。你可以把 Weaveworks Weave Scope、Dynatrace 和 Sysdig 等工具引進到任何 Kubernetes 環境中，它們個個都有自己的優勢和長處。如果你使用的是雲端供應商的管理服務，像是 Azure AKS、Google GCE 或 AWS EKS 等等，請找出它們各自的原生工具，如 Azure Container Insights 和 Network Watcher，Google 的 Stackdriver，還有 AWS 的 CloudWatch 等等。無論使用何種工具，都至少要能洞察網路堆疊內的細節，以及了不起的 Google SRE 團隊和 Rob Ewashuck 聞名於世的四大黃金警訊：延遲、流量、錯誤、飽和與否。

4. 如果你採用的 CNI 不具備獨立於 SDN 網路空間之外的覆蓋（overlay）網路，請確保你有正確的網路定址空間可以處理節點 IP、pod 的 IP、內部負載平衡器、以及叢集升級和擴展時帶來的額外負擔。

Kubernetes 裡的服務

當你把 pods 部署到 Kubernetes 叢集中時，根據 Kubernetes 網路的基本規範、和用來實現規範的這些植入元件，pods 只能和位於同一叢集中的其他 pods 直接通訊。有的 CNI 植入元件會賦予 pods 跟外部節點相同網路空間的 IP 位址，因此技術上只要知道 pod 的 IP，就可以從叢集外部直接取用該 pod。然而此舉並非取用 pod 所提供服務的有效方式，因為 Kubernetes 的 pods 天生就短命。設想，你有一個功能或系統，需要用到運行在 Kubernetes 中某一個 pod 上的 API。這種方式一開始用起來也許沒什麼問題，但是總有一天會發生志願性或非志願性的破壞動作，這時 pod 就會消失。當然 Kubernetes 可能會重新建立一個替代的 pod，但是其名稱和 IP 位址都會不一樣，這時自然就需要某種機制來尋找後起替代的新 pod。於是服務 API 就登場了。

服務 API 會在 Kubernetes 叢集中指定一個持久的 IP 位址和通訊埠，然後自動將正確的 pods 對映到服務，作為服務的端點（endpoints）。其間的巧妙都由先前提及的 Linux 節點裡的 iptables 或 IPVS 實現，它們會把指定的服務 IP 位址和通訊埠對應到端點或 pod 的真正 IP 位址。管理這一切的控制器就是 kube-proxy 服務，它其實執行在叢集中的每一個節點上。它會負責操縱每個節點的 iptables 規範。

定義服務物件時，必須一併定義服務的類型。服務類型會決定對映的節點是否要對叢集外公佈、抑或是只在叢集內運作。接下來的小節裡，我們要約略探討一下四種基本的服務類型。

ClusterIP 服務類型

如果規格中並未明確指定，那麼預設的服務類型就會是 ClusterIP。ClusterIP 意指服務分配到的 IP 係源自服務所在的 CIDR 範圍。只要服務物件還存在，此一 IP 位址也會持續存在，因此它會以選擇器（selector）欄位把自身的 IP、通訊埠和通訊協定都對映到後端的 pods；然而也有一些案例是用不到選擇器的，這在後面也會看到。宣告服務時也為該服務指定了一個網域名稱系統（Domain Name System, DNS）的名稱。這樣一來就可以很容易地在叢集中找到服務所在之處，同時叢集中的工作負載只需以 DNS 搜尋服務名稱，就可輕易與其他服務通訊。舉例來說，如果你以下例定義服務，而事後需要從叢集中其他 pod 以 HTTP 呼叫該服務時，只要用戶端和服務位於相同的命名空間，那麼用 *http://web1-svc* 就可以達到目的：

```
apiVersion: v1
kind: Service
metadata:
  name: web1-svc
spec:
  selector:
    app: web1
  ports:
  - port: 80
    targetPort: 8081
```

如果需要尋找位於其他命名空間的服務，DNS 的樣式就要改成 `<service_name>.<namespace_name>.svc.cluster.local`。

如果定義服務時沒有加上選擇器，也可以利用端點 API 的定義，以便為服務指定端點。這樣一來，就會把特定的 IP 和通訊埠作為服務端點，而不再仰賴選擇器屬性來自動更新那些符合選擇範圍、作為端點的 pods。這種做法在若干情境中相當有用，例如，你需要用一個不在叢集中的特定資料庫來做測試，但這個資料庫其實稍後也會部署成 Kubernetes 形式的資料庫。這種情境又稱為 *headless service*，因為它不需要像其他服務一般被 `kube-proxy` 掌控，而是直接管理端點，如圖 9-4 所示。

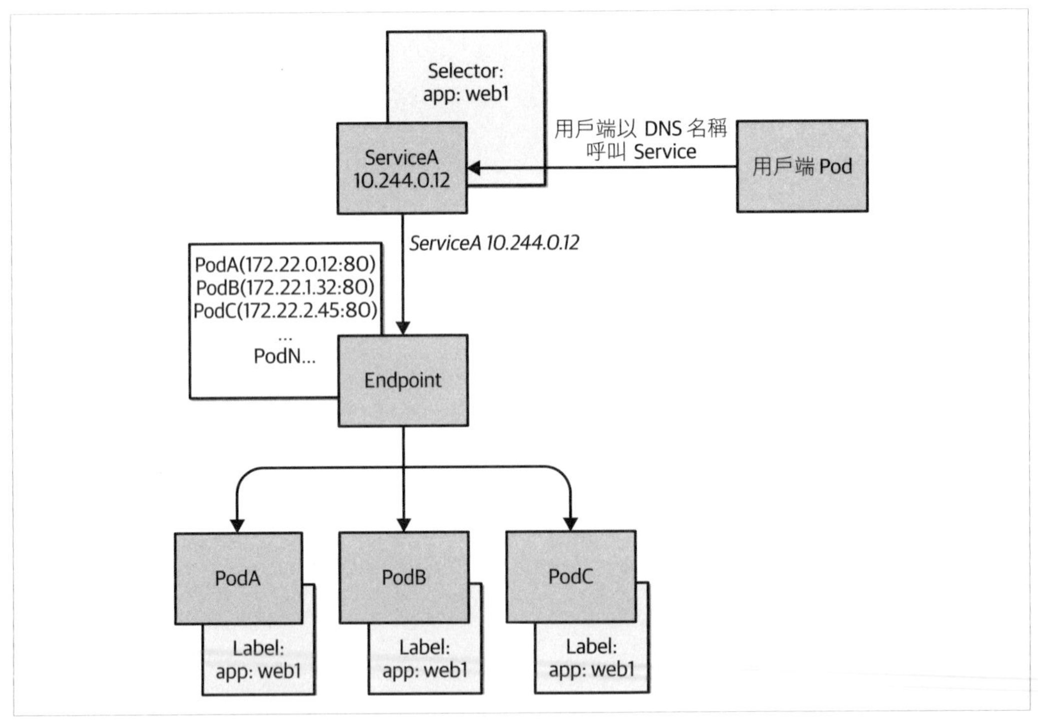

圖 9-4 ClusterIPPod 和服務的視覺化示意圖

NodePort 服務類型

NodePort 這個服務類型會為叢集中每個節點的服務 IP 與通訊埠指定一個叢集中各節點的高數值通訊埠。這些高數值 NodePorts 的範圍位於 30,000 到 32,767 之間，可以靜態指定、或是特別在服務規格中定義。NodePorts 通常用在自有內部叢集或是自訂解決方案當中，這些情況大多沒有自動平衡負載的設定。若要從叢集外部直接取用服務，只需使用 NodeIP:NodePort 就可以做到，如同圖 9-5 所示。

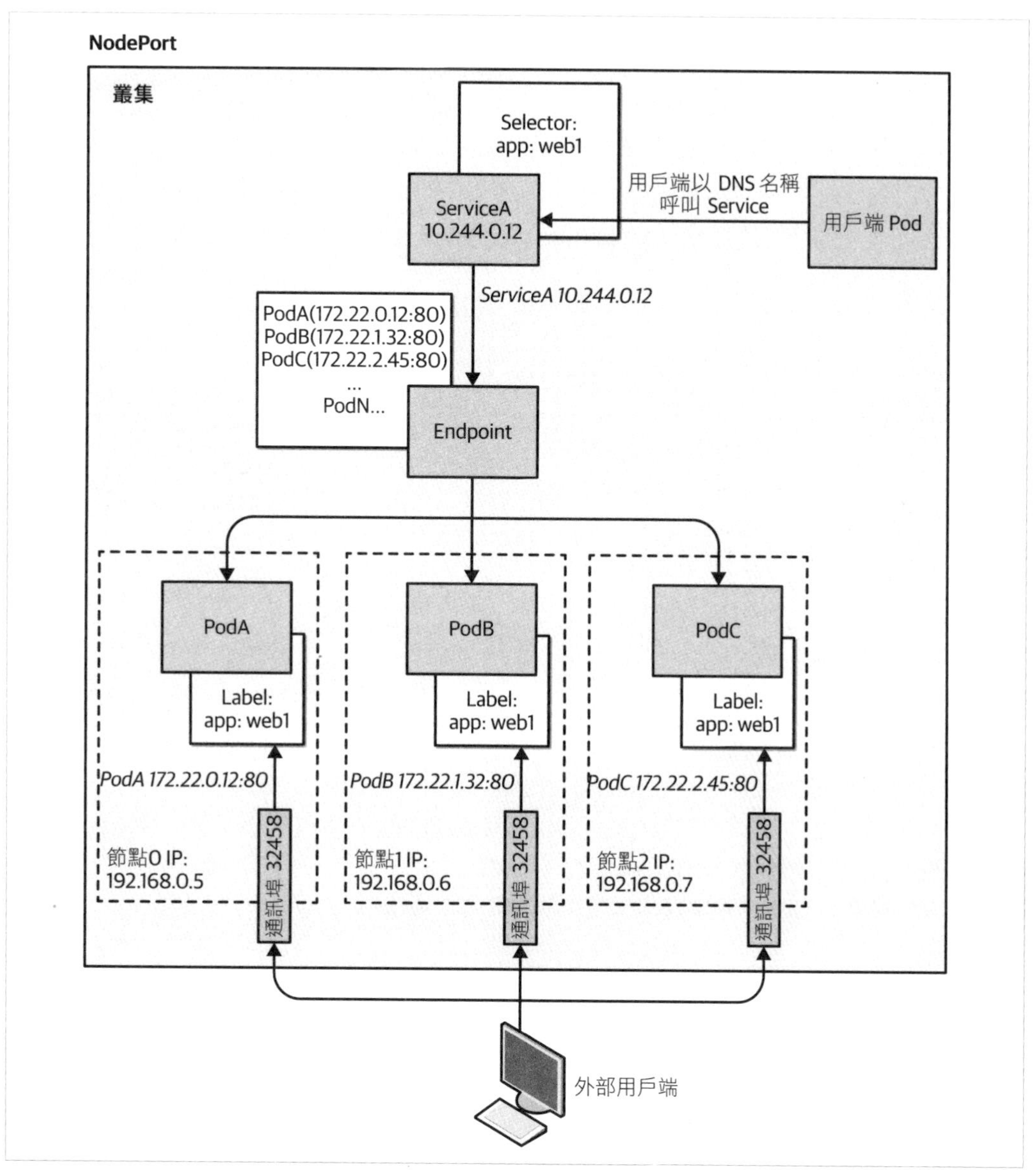

圖 9-5　NodePort —— Pod、服務及主機網路的視覺化示意圖

ExternalName 服務類型

ExternalName 服務類型在實務中不常用到，但是它有助於把原本只在叢集內有效的 DNS 名稱傳遞至外部 DNS 名稱服務。常見的例子就是來自雲端供應商的外部資料庫服務，它通常會使用雲端供應商提供的獨特 DNS 名稱，像是 `mymongodb.documents.azure.com` 之類。從技術上來說，只需利用 `Environment` 變數就可以輕易將它加入到 pod 規格當中，如第 6 章所述；然而若是在叢集中改用更為通用的名稱，例如 `prod-mongodb` 之類，會更為有利，因為這樣一來，每當需要變更指向的實際資料庫時，只需變更服務規格即可，無須為了 `Environment` 變數有所異動就必須重啟 pods：

```
kind: Service
apiVersion: v1
metadata:
  name: prod-mongodb
  namespace: prod
spec:
  type: ExternalName
  externalName: mymongodb.documents.azure.com
```

LoadBalancer 服務類型

LoadBalancer 是一種十分特殊的服務類型，因為它可以配合雲端服務廠商及其他可程式化的雲端基礎設施服務進行自動化。若要確保部署基礎設施供應商的 Kubernetes 叢集所提供的負載平衡機制，`LoadBalancer` 類型是唯一的方法。意即在大部分的情況下，`LoadBalancer` 大致都可以用同樣的方式搭配 AWS、Azure、GCE、OpenStack 及其他業者的服務。在大部分的情況下，這個項目會建立一個對外公開的負載平衡服務；然而，每一家雲端業者都有自己的特定註記，以便啟用自家獨有的負載平衡功能，例如 AWS 的 ELB 組態等等。各位也可以在服務規格中定義實際要使用的負載平衡器 IP 位址，以及允許的來源範圍，如圖 9-6 的示意圖和以下範例程式碼所示：

```
kind: Service
apiVersion: v1
metadata:
  name: web-svc
spec:
  type: LoadBalancer
  selector:
    app: web
  ports:
  - protocol: TCP
    port: 80
```

```
  targetPort: 8081
loadBalancerIP: 13.12.21.31
loadBalancerSourceRanges:
- "142.43.0.0/16"
```

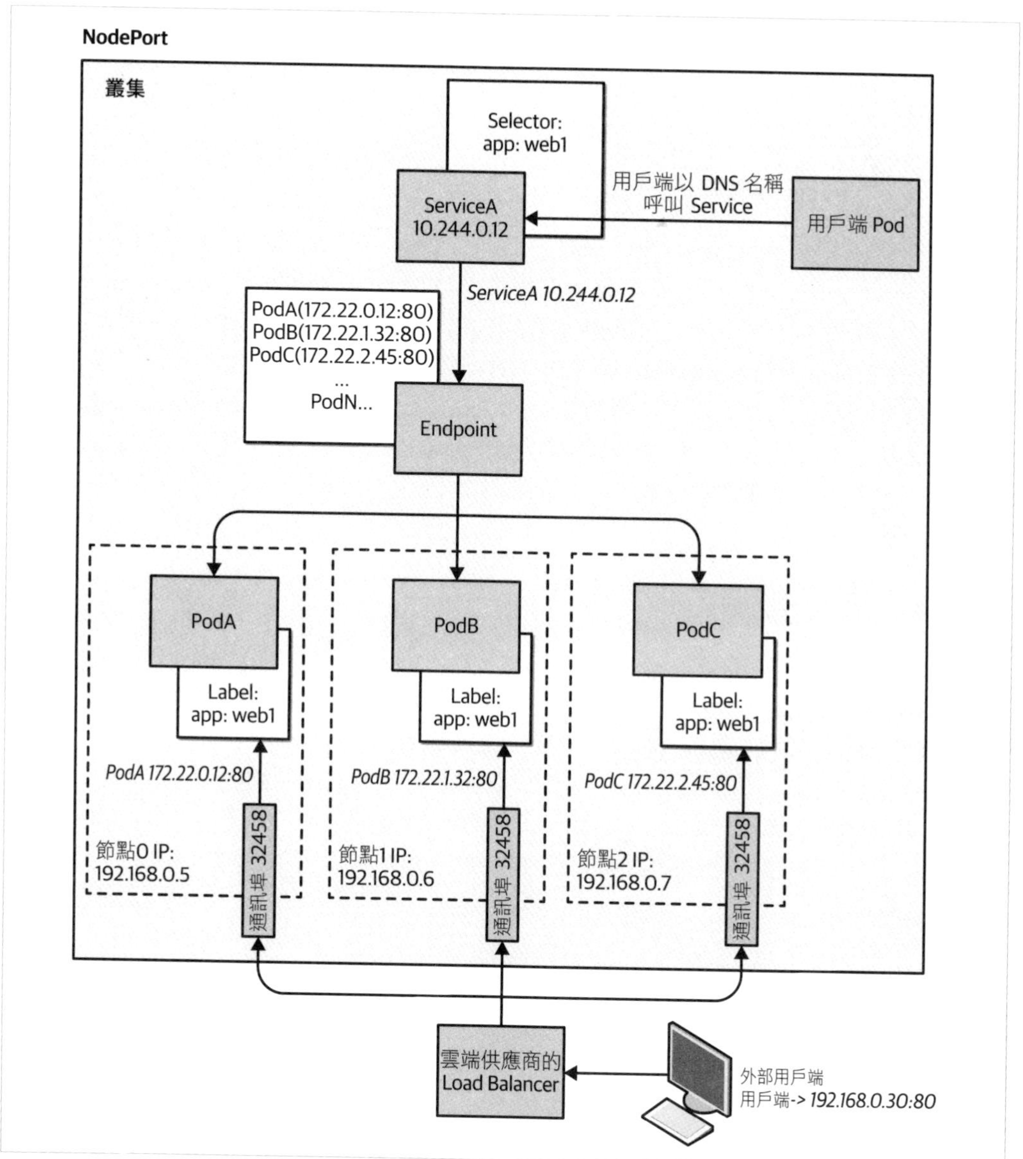

圖 9-6 LoadBalancer —— Pod、服務、節點和雲端供應商的網路示意圖

Ingress 與 Ingress 控制器

從技術上來說，入口（Ingress）規格雖算不上是 Kubernetes 的服務類型之一，但它卻是 Kubernetes 工作負載入口的重要概念。服務 API 中所定義的服務，允許最基本的第三 / 四層負載平衡。但現實情況是，部署在 Kubernetes 中的許多無狀態（stateless）服務都需要更高階的流量管理方式，通常也需要應用程式層級的控制：更準確地說，是 HTTP 協定的控管。

Ingress API 基本上就是一個 HTTP 層級的路由器，可以根據依主機或路徑制訂的規範，將流量轉向至特定的後端服務。設想一個位於 *www.evillgenius.com* 的網站，而且網站中有兩個不同的路徑 */registration* 和 */labaccess*，分別對應到 Kubernetes 的兩個服務 `regsvc` 和 `labaccess-svc`。各位可以定義一個入口規範，確保對於 *www.evillgenius/registration* 的請求會被導向至 `reg-svc` 服務和正確的端點 pods，同理，對於 *www.evillgenius/labaccess* 的請求也會被導向至 `labaccess-svc` 服務所在的正確端點。Ingress API 也可以按照主機進行路由選徑，讓單一入口可以對應不同主機。另一項功能則是宣告 Kubernetes 密語，而密語中含有 443 通訊埠上的 Transport Layer Security（TLS）憑證資訊。如果沒有指定路徑，通常就會有一個預設的後端來提供讓使用者觀感較佳的資訊，而不是只拋出標準的 404 錯誤。

特定 TLS 的相關細節和預設的後端組態，其實都是由入口控制器（Ingress controller）負責處理的。Ingress 控制器與 Ingress API 已經切分開來，如此維運人員就可以部署所選的 Ingress 控制器，例如 NGINX、Traefik、HAProxy 等等。正如其名，Ingress 控制器就跟其他 Kubernetes 控制器一樣，只是一個控制器，而非系統的一部分，它只是一個可以理解 Kubernetes Ingress API、進行動態設定的第三方控制器。最常見的 Ingress 控制器實作就是 NGINX，因為它其實也有一部分是由 Kubernetes 專案維護；然而外界還是有很多開放原始碼及商用的 Ingress 控制器可用：

```
apiVersion: extensions/v1beta1
kind: Ingress
metadata:
  name: labs-ingress
  annotations:
    nginx.ingress.kubernetes.io/rewrite-target: /
spec:
  tls:
  - hosts:
    - www.evillgenius.com
    secretName: secret-tls
  rules:
  - host: www.evillgenius.com
```

```
http:
  paths:
  - path: /registration
    backend:
      serviceName: reg-svc
      servicePort: 8088
  - path: /labaccess
    backend:
      serviceName: labaccess-svc
      servicePort: 8089
```

服務和 Ingress 控制器的最佳實務做法

建立內部應用程式相互連接的複雜虛擬網路環境[譯註 1]，需要審慎的計劃。當應用程式變動時，需要隨時注意是否能有效地管理應用程式中不同的服務相互溝通、以及服務對外部溝通的方式。以下的最佳實務做法可有效地簡化管理：

- 限制需要從叢集外部取用的服務數量。理想上大多數的服務都只需要用到 ClusterIP，只有需要面對外界的服務才需要對叢集以外公開。
- 如果對外公開的服務基本上就是以 HTTP/HTTPS 為基礎的服務，那麼最好利用 Ingress API 和 Ingress 控制器，將流量繞送至具有 TLS 端的後端服務。依據所採用的 Ingress 控制器類型，像是速率限制、標頭改寫、OAuth 認證、可觀察性、以及其他服務等功能都可以做到，無須將其建置在應用程式當中。
- 請選擇一種具備你所需要功能的 Ingress 控制器，以便保護網頁式工作負載的入口。由於許多特定組態的註記都會依實作而異，連帶會影響在企業實作的 Kubernetes 之間部署程式碼的可攜性，因此請選用單一 Ingress 控制器、將其標準化，並在企業中統一採用。
- 評估雲端服務供應商自有的特定 Ingress 控制器選項，並將基礎設施管理及入口負載從叢集中移除，但保留 Kubernetes 的 API 組態。
- 如果要對外提供大多數的 API 時，請評估該 API 專屬的 Ingress 控制器，例如 Kong 或是 Ambassador 之類，因為它們往往可以替 API 式的工作負載提供更細緻的調節。雖說 NGINX、Traefik 及其他控制器可能也具備某種程度的 API 調節，但終究比不上專屬的 API proxy 系統那般有效。

譯註 1 如果想比較 ClusterIP、NodePort 和 LoadBalancer 之間的差異和各自的使用時機，這裡有一篇很好的圖文說明可供參考：*https://medium.com/google-cloud/kubernetes-nodeport-vs-loadbalancer-vs-ingress-when-should-i-use-what-922f010849e0*。

- 在 Kubernetes 中部署以 pod 為基礎的 Ingress 控制器工作負載時，確保部署的設計確實考慮到高可用性和總體效能吞吐量。利用可觀察的指數適度地調節入口規模，但也要加上足夠的緩衝，以避免在調節工作負載時導致用戶端連線受到破壞。

網路安全策略

Kubernetes 內建的 NetworkPolicy（網路策略）API，可以隨工作負載定義網路層級的入口與出口存取控制。網路策略可以控制一群 pods 如何彼此通訊、或是與其他端點通訊。如果你深入鑽研 NetworkPolicy 規格，可能會有點摸不著頭緒，特別是 NetworkPolicy 本身原本就是一個 Kubernetes 的 API，卻又要仰賴可以支援 NetworkPolicy API 的網路植入元件之故。

網路策略以簡單的 YAML 結構組成，看似複雜，但只要把它想像成簡單的橫向流量防火牆，就有助於理解其構造。每個策略規格都由 `podSelector`、`ingress`、`egress` 和 `policyType` 等欄位組成。唯一必備的欄位是 `podSelector`，其慣例與其他使用 `matchLabels` 的 Kubernetes 選擇器並無不同。你可以建立目標為相同 pods 的多個 NetworkPolicy 定義，其效果會累進計算。由於 NetworkPolicy 屬於命名空間物件，如果 `podSelector` 沒有指定選擇器，那麼命名空間中所有的 pods 都會被納入此一策略的影響範圍。如果策略中定義了任何一條入口或出口規範，就形同定義了可以進出 pod 的白名單。這裡有一個重大的區別：如果因為符合選擇器比對條件而進入策略影響範圍，那麼除非是已被明確定義在入口或出口規範中的流量，否則其他所有的流量都會被阻斷。此一細微的區別，象徵若是有 pod 不曾因選擇器符合而被任何策略影響，那麼這個 pod 的入口或出口流量都是不受限的。這種刻意的設計可以簡化 Kubernetes 裡新部署的工作負載，因為流量完全不會受到限制。

欄位 `ingress` 和 `egress` 基本上就是一連串依來源和目的地定義的清單，可以參照特定的 CIDR 範圍、`podSelector` 或是 `namespaceSelector` 定義。如果你把入口欄位留空，意義等同於拒絕所有入內流量。同理，出口欄位若留白，等同於拒絕所有外出流量。此外也支援通訊埠和協定清單，以便進一步限制允許的通訊類型。

至於 `policyTypes` 欄位所定義的，則是與某個策略物件有關連的網路策略規範類型。如果此一欄位不存在，就會一併檢視 `ingress` 和 `egress` 等清單欄位。同樣地，差別在於你必須在 `policyTypes` 裡明確地指明其類型為 egress、同時策略中還要有 egress 的規範清單存在，才能如預期般運作。一般預設的類型就是 Ingress，而且不需要明確定義。

我們用一個典型的三層式應用程式為例，它部署在單一命名空間中，三個層級分別標示成 `tier: "web"`、`tier: "db"` 和 `tier: "api"`。如果你要確保流量只會正確進入每一層，請以下列範本建立 NetworkPolicy 項目清單：

預設的拒絕規範：

```
apiVersion: networking.k8s.io/v1
kind: NetworkPolicy
metadata:
  name: default-deny-all
spec:
  podSelector: {}
  policyTypes:
  - Ingress
```

網頁層級的網路策略：

```
apiVersion: networking.k8s.io/v1
kind: NetworkPolicy
metadata:
  name: webaccess
spec:
  podSelector:
    matchLabels:
      tier: "web"
  policyTypes:
  - Ingress
  ingress:
  - {}
```

API 層級的網路策略：

```
apiVersion: networking.k8s.io/v1
kind: NetworkPolicy
metadata:
  name: allow-api-access
spec:
  podSelector:
    matchLabels:
      tier: "api"
  policyTypes:
  - Ingress
  ingress:
  - from:
    - podSelector:
        matchLabels:
          tier: "web"
```

資料庫層級的網路策略：

```
apiVersion: networking.k8s.io/v1
kind: NetworkPolicy
metadata:
  name: allow-db-access
spec:
  podSelector:
    matchLabels:
      tier: "db"
  policyTypes:
  - Ingress
  ingress:
  - from:
    - podSelector:
        matchLabels:
          tier: "api"
```

網路策略的最佳實務做法

保護企業系統的網路流量，原本是具備複雜網路規範的實際硬體裝置所主宰的領域。如今有了 Kubernetes 的網路策略，就能以更貼近應用程式的手法去區分和控制 Kubernetes 應用程式的流量。無論你使用哪一種策略植入元件，以下的最佳實務做法都是通用的：

- 入門時切勿心急，先從進入 pods 的流量開始。太過繁瑣的入口及出口規範會讓網路追蹤成為惡夢。只有當流量可以如預期般流動時，才能著手檢視出口規範，進一步地控制通往敏感性工作負載的流量。網路策略的規格亦以入口流量為優先檢查對象，因為就算入口規範清單中空無一物，它還是會預設多項運作模式[譯註 2]。

- 確認你使用的網路植入元件要不就是自己擁有通往 NetworkPolicy API 的介面，不然就是支援其他知名的植入元件。例如 Calico、Cilium、Kube-router、Romana 和 Weave Net 等等。

- 如果網路團隊習於加上一個「預設阻擋一切」的策略，就為叢集裡每個命名空間中需要保護的工作負載，依照下例建立一個網路策略。如此即可確保就算其他網路策略被刪除，也不會就此讓 pod 突然變得「全無防備」[譯註 3]：

譯註 2　注意這裡強調的是清單中空無一物，以上例中的 webaccess 這個 policy 來說，其 ingress: 欄位指定了 {}，亦即沒有明確指定准入條件，但 Kubernetes 仍會預設其他運作選項。前面第 140 頁所指的是 Ingress 內容從缺才是真的 deny all。

譯註 3　同樣參見前面第 140 頁，在沒有套用任何網路策略時，pod 的入口流量是不設限的，所以才說是「全無防備」。範例中故意加上這一條適用所有 pods 的收尾策略，就是一般防火牆中常見的 default deny-all policy。

```
apiVersion: networking.k8s.io/v1
kind: NetworkPolicy
metadata:
  name: default-deny-all
spec:
  podSelector: {}
  policyTypes:
  - Ingress
```

4. 如果需要從網際網路存取 pods，請利用標籤明確地套用允許來自入口的網路策略。注意全程中封包的來源可能並非網際網路上的 IP 位址，而是來自負載平衡器、防火牆、或是其他網路裝置的內部 IP 位址。例如說，要讓來自所有（包括外部）來源的流量可以進入帶有 `allow-internet=true` 標籤的 pods，就要這樣做：

```
apiVersion: networking.k8s.io/v1
kind: NetworkPolicy
metadata:
  name: internet-access
spec:
  podSelector:
    matchLabels:
      allow-internet: "true"
  policyTypes:
  - Ingress
  ingress:
  - {}
```

5. 試著將應用程式集中在單一命名空間內，以簡化建立規範的方式，因為規範的效力都是侷限在特定命名空間之內的。如果真的需要在不同命名空間之間通訊，那麼定義策略時就必須明確的完整指名命名空間，必要時還要以特定的標籤來識別流動的樣式：

```
apiVersion: networking.k8s.io/v1
kind: NetworkPolicy
metadata:
  name: namespace-foo-2-namespace-bar
  namespace: bar
spec:
  podSelector:
    matchLabels:
      app: bar-app
  policyTypes:
  - Ingress
  ingress:
```

```
    - from:
      - namespaceSelector:
          matchLabels:
            networking/namespace: foo
        podSelector:
          matchLabels:
            app: foo-app
```

6. 以一個策略較鬆散（如果有的話）的命名空間做為測試平台，以便有時間查出所需的正確流量樣式。

服務網格

不難想像，一個含有數百服務的單一叢集，這些服務靠著跨越數千個端點的負載平衡器，能夠彼此互相通訊、取用外部資源、可能還要讓外部資源取用。要管理、保護、觀察及追蹤所有這些服務間的連線，想起來就令人毛骨悚然，更別說整體系統中的這些端點還有著來去不定的動態特質。**服務網格**（*service mesh*）的觀念，就是要讓你以專屬的資料層面和控制層面，掌控和保護這些服務的互連方式，而且此種觀念並非 Kubernetes 所獨有。所有的服務網格都有不同的能耐，但通常離不開以下幾項：

- 以遍佈網格中的潛藏細微流量修整策略，為流量進行負載平衡。
- 對網格中的服務執行服務搜尋（Service discovery）的功能，範圍可能包括叢集中、或位於其他叢集的服務，甚至可能是系統以外其他網格成員的服務。
- 流量及服務的可觀察性，包括利用 Jaeger 或 Zipkin 這類遵循 OpenTracing 標準的追蹤系統，對分散式服務進行追蹤。
- 利用交互認證保護網格中的流量。在某些情況下，不僅會保護 pod 之間或是系統間的橫向通訊，甚至連還會提供具備縱向流量安全控管的 Ingress 控制器。
- 可以做到像是斷路器（circuit breaker）、重試（retries）、截止日期（deadlines）等模式的彈性、健康和故障預防功能。

此處關鍵在於，所有的這些功能都已整合至構成網格的應用程式當中，而應用程式本身幾乎或完全無須更動。所有這些了不起的功能怎可能來得毫無代價？通常都是以邊車型代理端（Sidecar proxies）做到的。如今大多數的服務網格都會將其資料層面中的代理端植入到每一個網格成員的 pod。這樣一來，服務網格的控制層面元件就能讓整個網格中的策略和安全性保持一致。此舉確實對負責工作負載的容器隱藏了網路的細節。讓代理端來處理分散式網路的複雜性。對於應用程式而言，它只是透過本機與代理端對話。在很多案例中，資料層面和控制層面可能屬於不同的技術，但卻是相輔相成的。

在很多案例中，第一個躍入眼簾的服務網格往往是 Istio，這是一個由 Google、Lyft 和 IBM 共同發展的專案，它採用 Envoy 做為資料層面代理端（data-plane proxy），同時採用 Mixer、Pilot、Galley 和 Citadel 等專屬的（proprietary）控制層面元件。此外也有它種服務網格可以提供程度不等的功能，例如 Linkerd2，它具備以 Rust 自行建置的資料層面代理端。HashiCorp 最近則是在其產品 Consul 中加入了更多以 Kubernetes 為中心的服務網格功能，它允許你選擇採用 Consul 自有的、或是 Envoy 作為代理端，也提供商業化的服務網格支援。

在 Kubernetes 中，服務網格這個題材的變動甚鉅——要不是眾多社群媒體的技術圈過度推波助瀾的話——因此詳盡說明每種服務網格並無意義。而且作者要是對於微軟、Linkerd、HashiCorp、Solo.io、Kinvolk 和 Weaveworks 等廠商為服務網格介面（Service Mesh Interface, SMI）做出的貢獻都略而不提，就是失職了。SMI 原本的希望，是要為所有的服務網格所期望的基本功能集合訂下標準。在本書付梓前，該規格涵蓋了像是身分（identity）、傳輸層加密、可以捕捉網格中各項服務之間關鍵流量指數的流量遙測（telemetry）、以及可以在服務之間對流量進行轉移和權重調整等流量管理策略。此項專案希望可以消除若干服務網格中的變異性，但同時還是允許服務網格廠商在自家產品中延伸和建置加值功能，以便突顯自家優勢。

服務網格的最佳實務做法

服務網格的社群每天都在持續成長，而且越來越多的企業都在協助定義其需求，因此服務網格的周邊系統會變動得十分劇烈。在本書付梓前，服務網格的最佳實務做法都是從它正在嘗試解決的常見需求出發：

- 請評估服務網格提供的關鍵功能重要性，並判斷哪些現行的產品可以用最少量的負擔提供最多的重要功能。此處所指的負擔不僅僅是代表人員的技術債，也包括基礎設施的資源債。如果實際上需要的只是特定 pods 之間的交互 TLS 認證，那麼試著去找出一個具備相關整合植入元件的 CNI，是否會比導入服務網格更容易些？

- 對於像是跨多重雲端或是混搭場合之類的跨系統網格需求是否真有必要？不是所有的網格都具備此一能力，就算具備，通常流程也極為複雜，而且往往反而成為環境變得脆弱的因素。
- 許多服務網格產品都屬於開放原始碼社群的專案，如果管理該環境的團隊是服務網格領域的新手，那麼選擇具備商業支援的產品可能比較好。有些業者已開始替以 Istio 為基礎的服務網格提供商業支援，這一點也很有用，因為 Istio 是公認管理極為複雜的系統。

總結

除了應用程式管理以外，Kubernetes 所提供最重要的事物之一，就是能將服務中的不同片段串接起來的能力。在本章中，我們檢視了 Kubernetes 的運作細節，包括 pods 如何透過 CNI 植入元件取得 IP 位址、這些 IP 位址又是如何聚集成為服務、以及如何以 Ingress 資源（它本身也需要服務）實作更多應用程式或第 7 層的路由。各位也目睹了如何以網路策略限制流量及保護網路，最後則是服務網格技術如何改變了人們的連線和監看服務之間相互連接的方式。除了將應用程式設置成可以穩定地運行和部署之外，為應用程式設置網路，亦是成功運用 Kubernetes 的重要一環。理解 Kubernetes 的網路功能、以及這些網路功能如何妥善地與你的應用程式交織配合，也是 Kubernetes 成功的最終要素。

第十章

Pod 與容器的安全性

當我們談到以 Kubernetes 的 API 實現 pod 安全性時，有兩個主要選項： PodSecurityPolicy 和 RuntimeClass。在這一章裡，我們會審視每一種 API 的目的和用法，同時提出相關的最佳實務做法。

PodSecurityPolicy API

PodSecurityPolicy API 仍在積極開發之中。在 Kubernetes 第 1.15 版裡，這個 API 仍是 beta 版。請參閱上游文件（*https://oreil.ly/7UOWx*）以便了解該功能現況的最新進展。

PodSecurityPolicy 這個在全叢集中皆通用的資源，建立了一個單一場所，可以在此定義和管理 pod 規格中所有敏感的安全相關欄位。在建立 PodSecurityPolicy 這項資源之前，叢集管理員和使用者必須自行為工作負載定義每一個 `SecurityContext` 設定，或是在叢集中啟用特製的入境控制器，藉以執行某種程度的 pod 安全性。

聽起來是不是太過簡單了？想要有效地實現 PodSecurityPolicy，其實難度比想像中還要高，因此很可能不是被關掉就是被設法避而不談。然而，我們還是鄭重建議大家花一點時間徹底了解 PodSecurityPolicy，因為若是你想要限制叢集中可以執行的內容、以及需要何等權限才能執行它們，以便將受攻擊面縮到最小，這是最有效的方法之一。

啟用 PodSecurityPolicy

除了要有資源的 API，還必須啟用相關的入境控制器，才能執行 PodSecurityPolicy 資源中定義的條件。這代表相關策略的實施必須發生在請求資料流的進入階段。要進一步了解入境控制器的運作，請參閱第 17 章。

值得一提的是，已啟用 PodSecurityPolicy 的公有雲業者和叢集維運工具並不多。就算有，通常也只是以選用功能的方式提供。

啟用 PodSecurityPolicy 時請謹慎從事，因為若是一開始沒有做好，它可能會擋住所有的工作負載。

你必須先完成兩項主要元件，才能開始使用 PodSecurityPolicy：

1. 先確認 PodSecurityPolicy 的 API 確實已生效（如果你使用的是支援此功能的 Kubernetes 版本，則應該已經生效）。

   要確認 API 存在並生效，可執行指令 `kubectl get psp`。只要收到的回應不是什麼「伺服器不具備 PodSecurityPolicies 這種資源類型」（`the server doesn't have a resource type "PodSecurityPolicies`）之類的資訊，就可以放心繼續進行。

2. 利用 `api-server flag --enable-admission-plugins` 這個旗標啟用 PodSecurityPolicy 的入境控制器。

如果你是在一個已有工作負載正在運作的叢集中啟用 PodSecurityPolicy，必須先把所有必備的策略、服務帳號、角色、以及角色綁定都先準備好，才能啟用入境控制器。

我們也建議為 `kube-controller-manager` 加上 `--use-service-account-credentials=true` 這個旗標，因為這樣就可以讓 `kube-controller-manager` 裡的每一個控制器使用服務帳號。如此一來，就算是在 `kube-system` 命名空間中，也可更仔細地施行策略控管。各位只須執行以下指令，就可以看出已經設置那些旗標。它顯示出每個控制器確實有自己的服務帳號：

```
$ kubectl get serviceaccount -n kube-system | grep '.*-controller'
attachdetach-controller              1         6d13h
certificate-controller               1         6d13h
clusterrole-aggregation-controller   1         6d13h
```

```
cronjob-controller                1         6d13h
daemon-set-controller             1         6d13h
deployment-controller             1         6d13h
disruption-controller             1         6d13h
endpoint-controller               1         6d13h
expand-controller                 1         6d13h
job-controller                    1         6d13h
namespace-controller              1         6d13h
node-controller                   1         6d13h
pv-protection-controller          1         6d13h
pvc-protection-controller         1         6d13h
replicaset-controller             1         6d13h
replication-controller            1         6d13h
resourcequota-controller          1         6d13h
service-account-controller        1         6d13h
service-controller                1         6d13h
statefulset-controller            1         6d13h
ttl-controller                    1         6d13h
```

切記如果未曾定義 PodSecurityPolicies，有可能造成隱性拒絕（implicit deny）的後果。亦即沒有一條策略能與工作負載匹配，就不會建立任何 pod。

剖析 PodSecurityPolicy

為了徹底理解 PodSecurityPolicy 如何保護 pods 的安全，且讓我們來研究一個點對點的案例。此舉有助於建立正確的操作順序：從建立策略、到實際運用。

在開始動手前，下一個小節需要各位在叢集中先行啟用 PodSecurityPolicy，才能讓它運作。至於如何啟用，請回頭參閱以上說明。

如果你未曾考量前一小節的警示，就不要貿然替運作中的叢集啟用 PodSecurityPolicy。接下來的動作請步步留意。

我們先來嘗試體驗一下尚未進行任何變更或建置任一策略時的感受。以下是一個測試用的工作負載，單純只是在 Deployment 中執行一個可信的靜止容器（請將以下內容儲存在檔案系統中，並以 *pause-deployment.yaml* 為檔名，以便本小節驗證使用）：

```
apiVersion: apps/v1
kind: Deployment
metadata:
  name: pause-deployment
  namespace: default
  labels:
    app: pause
spec:
  replicas: 1
  selector:
    matchLabels:
      app: pause
  template:
    metadata:
      labels:
        app: pause
    spec:
      containers:
      - name: pause
        image: k8s.gcr.io/pause
```

執行以下指令，即可驗證 Deployment 和相應 ReplicaSet 的存在，但是你不會看到 pod 出現：

```
$ kubectl get deploy,rs,pods -l app=pause
NAME                                    READY   UP-TO-DATE   AVAILABLE   AGE
deployment.extensions/pause-delpoyment  0/1     0            0           41s

NAME                                               DESIRED   CURRENT   READY   AGE
replicaset.extensions/pause-delpoyment-67b77c4f69  1         0         0       41s
```

如果嘗試描述這個 ReplicaSet，就會從事件紀錄中得知發生了什麼事：

```
$ kubectl describe replicaset -l app=pause
Name:           pause-delpoyment-67b77c4f69
Namespace:      default
Selector:       app=pause,pod-template-hash=67b77c4f69
Labels:         app=pause
                pod-template-hash=67b77c4f69
Annotations:    deployment.kubernetes.io/desired-replicas: 1
                deployment.kubernetes.io/max-replicas: 2
                deployment.kubernetes.io/revision: 1
Controlled By:  Deployment/pause-delpoyment
Replicas:       0 current / 1 desired
Pods Status:    0 Running / 0 Waiting / 0 Succeeded / 0 Failed
Pod Template:
```

```
  Labels:  app=pause
           pod-template-hash=67b77c4f69
  Containers:
   pause:
    Image:        k8s.gcr.io/pause
    Port:         <none>
    Host Port:    <none>
    Environment:  <none>
    Mounts:       <none>
  Volumes:        <none>
Conditions:
  Type             Status  Reason
  ----             ------  ------
  ReplicaFailure   True    FailedCreate
Events:
  Type     Reason        Age                 From                   Message
  ----     ------        ----                ----                   -------
  Warning  FailedCreate  45s (x15 over 2m7s) replicaset-controller  Error creating:
pods "pause-delpoyment-67b77c4f69-" is forbidden: unable to validate against any pod
security policy: []
```
[譯註1]

這是由於現下尚未定義任何 pod 安全策略、或是沒有服務帳號可以取得 PodSecurityPolicy 之故。各位或許也已注意到 `kube-system` 命名空間中所有的系統 pods 可能都已處於 `RUNNING`（運行中）狀態。這是因為相關 pods 的建立請求先前已經通過了請求時的入境階段。如果有任何事件導致系統 pods 重啟，它們也會遭遇和我們測試的工作負載一樣的命運，因為沒有 PodSecurityPolicy 資源存在之故：

```
replicaset-controller Error creating: pods "pause-delpoyment-67b77c4f69-" is
forbidden: unable to validate against any pod security policy: []
```

現在，清除測試用的工作負載部署：

```
$ kubectl delete deploy -l app=pause
deployment.extensions "pause-delpoyment" deleted
```

現在讓我們試著定義一個 pod 安全策略來修正以上問題。完整的策略設定清單可參閱 Kubernetes 文件（*https://oreil.ly/AsuVb/*）。以下的策略只是將 Kubernetes 文件中的範例略作基本變化。

[譯註1] 訊息原文意為：建立 pods「pause-delpoyment-67b77c4f69-」遭拒：無法驗證任何 pod 安全策略。

第一個策略名為 privileged，我們以此來展示如何讓特權工作負載通行。請以下列指令 kubectl create -f <filename> 套用 psp 資源：

```
apiVersion: policy/v1beta1
kind: PodSecurityPolicy
metadata:
  name: privileged
spec:
  privileged: true
  allowPrivilegeEscalation: true
  allowedCapabilities:
  - '*'
  volumes:
  - '*'
  hostNetwork: true
  hostPorts:
  - min: 0
    max: 65535
  hostIPC: true
  hostPID: true
  runAsUser:
    rule: 'RunAsAny'
  seLinux:
    rule: 'RunAsAny'
  supplementalGroups:
    rule: 'RunAsAny'
  fsGroup:
    rule: 'RunAsAny'
```

以下策略定義的則是一個受限制的存取動作，除了可以運行 kube-proxy 這類位於 kube-system 命名空間的 Kubernetes 叢集內部服務以外，也可以滿足其他的工作負載：

```
apiVersion: policy/v1beta1
kind: PodSecurityPolicy
metadata:
  name: restricted
spec:
  privileged: false
  allowPrivilegeEscalation: false
  requiredDropCapabilities:
    - ALL
  volumes:
    - 'configMap'
    - 'emptyDir'
    - 'projected'
    - 'secret'
```

```
    - 'downwardAPI'
    - 'persistentVolumeClaim'
  hostNetwork: false
  hostIPC: false
  hostPID: false
  runAsUser:
    rule: 'RunAsAny'
  seLinux:
    rule: 'RunAsAny'
  supplementalGroups:
    rule: 'MustRunAs'
    ranges:
      - min: 1
        max: 65535
  fsGroup:
    rule: 'MustRunAs'
    ranges:
      - min: 1
        max: 65535
  readOnlyRootFilesystem: false
```

各位可以用以下指令驗證策略已經建立：

```
$ kubectl get psp
NAME          PRIV    CAPS   SELINUX    RUNASUSER          FSGROUP
SUPGROUP    READONLYROOTFS   VOLUMES
privileged   true    *      RunAsAny   RunAsAny           RunAsAny    RunAsAny
    false            *
restricted   false          RunAsAny   MustRunAsNonRoot   MustRunAs   MustRunAs
   false          configMap,emptyDir,projected,secret,downwardAPI,persistent
VolumeClaim
```

策略定義完成之後，接下來，讓服務帳號透過角色定義存取控制（RBAC）來取用這些策略。

首先，建立以下的 ClusterRole，允許取用上一步定義的受限 PodSecurityPolicy：

```
kind: ClusterRole
apiVersion: rbac.authorization.k8s.io/v1
metadata:
  name: psp-restricted
rules:
- apiGroups:
  - extensions
  resources:
  - podsecuritypolicies
```

```
  resourceNames:
  - restricted
  verbs:
  - use
```

現在建立以下的 ClusterRole，以便允許取用以上最先定義的特權 PodSecurityPolicy：

```
kind: ClusterRole
apiVersion: rbac.authorization.k8s.io/v1
metadata:
  name: psp-privileged
rules:
- apiGroups:
  - extensions
  resources:
  - podsecuritypolicies
  resourceNames:
  - privileged
  verbs:
  - use
```

現在必須建立相應的 ClusterRoleBinding，讓 system:serviceaccounts 群組可以取用 psp-restricted 這個 ClusterRole。該群組包含所有 kube-controller-manager 控制器的服務帳號：

```
kind: ClusterRoleBinding
apiVersion: rbac.authorization.k8s.io/v1
metadata:
  name: psp-restricted
subjects:
- kind: Group
  name: system:serviceaccounts
  namespace: kube-system
roleRef:
  kind: ClusterRole
  name: psp-restricted
  apiGroup: rbac.authorization.k8s.io
```

現在繼續試著建立一開始時測試用的工作負載。現在各位可以看到相應的 pod 啟動暨運行了：

```
$ kubectl create -f pause-deployment.yaml
deployment.apps/pause-deployment created
$ kubectl get deploy,rs,pod
NAME                                     READY   UP-TO-DATE   AVAILABLE   AGE
deployment.extensions/pause-deployment   1/1     1            1           10s
```

```
NAME                                                DESIRED   CURRENT   READY   AGE
replicaset.extensions/pause-deployment-67b77c4f69   1         1         1       10s

NAME                                     READY   STATUS    RESTARTS   AGE
pod/pause-deployment-67b77c4f69-4gmdn    1/1     Running   0          9s
```

請更新用於測試的工作負載部署，試著違反限制策略。在部署中加上 `privileged=true` 應該就能達到目的。請將修改過的項目清單儲存至本地檔案系統，檔名為 *pause-privileged-deployment.yaml*，然後以 `kubectl apply -f <filename>` 套用：

```
apiVersion: apps/v1
kind: Deployment
metadata:
  name: pause-privileged-deployment
  namespace: default
  labels:
    app: pause
spec:
  replicas: 1
  selector:
    matchLabels:
      app: pause
  template:
    metadata:
      labels:
        app: pause
    spec:
      containers:
      - name: pause
        image: k8s.gcr.io/pause
        securityContext:
          privileged: true
```

各位會再次看到相應的 Deployment 和 ReplicaSet 依次建立；然而 pod 又不見了。欲知詳情，請檢視 ReplicaSet 的事件紀錄：

```
$ kubectl create -f pause-privileged-deployment.yaml
deployment.apps/pause-privileged-deployment created
$ kubectl get deploy,rs,pods -l app=pause
NAME                                                READY   UP-TO-DATE   AVAILABLE   AGE
deployment.extensions/pause-privileged-deployment   0/1     0            0           37s

NAME                                                           DESIRED   CURRENT   READY
AGE
replicaset.extensions/pause-privileged-deployment-6b7bcfb9b7   1         0         0
```

```
37s
$ kubectl describe replicaset -l app=pause
Name:           pause-privileged-deployment-6b7bcfb9b7
Namespace:      default
Selector:       app=pause,pod-template-hash=6b7bcfb9b7
Labels:         app=pause
                pod-template-hash=6b7bcfb9b7
Annotations:    deployment.kubernetes.io/desired-replicas: 1
                deployment.kubernetes.io/max-replicas: 2
                deployment.kubernetes.io/revision: 1
Controlled By:  Deployment/pause-privileged-deployment
Replicas:       0 current / 1 desired
Pods Status:    0 Running / 0 Waiting / 0 Succeeded / 0 Failed
Pod Template:
  Labels:  app=pause
           pod-template-hash=6b7bcfb9b7
  Containers:
   pause:
    Image:        k8s.gcr.io/pause
    Port:         <none>
    Host Port:    <none>
    Environment:  <none>
    Mounts:       <none>
  Volumes:        <none>
Conditions:
  Type             Status  Reason
  ----             ------  ------
  ReplicaFailure   True    FailedCreate
Events:
  Type     Reason        Age                    From                   Message
  ----     ------        ----                   ----                   -------
  Warning  FailedCreate  78s (x15 over 2m39s)  replicaset-controller  Error creating:
pods "pause-privileged-deployment-6b7bcfb9b7-" is forbidden: unable to validate against
any pod security policy: [spec.containers[0].securityContext.privileged: Invalid value:
true: Privileged containers are not allowed]
```

上例已將原因顯現出來：`Privileged containers are not allowed`（不允許建立特權容器）。現在讓我們清除測試用的工作負載。

```
$ kubectl delete deploy pause-privileged-deployment
deployment.extensions "pause-privileged-deployment" deleted
```

截至目前為止，我們處理的都是叢集層級的綁定。那麼若是要讓測試用的工作負載以單一服務帳號取得特權策略呢？

首先必須在預設的命名空間內建立一個 serviceaccount：

```
$ kubectl create serviceaccount pause-privileged
serviceaccount/pause-privileged created
```

然後把這個 serviceaccount 綁定至權限較大的 ClusterRole。請將以下項目清單存入本地檔案系統的 role-pause-privileged-psp-permissive.yaml 檔案，然後以 kubectl apply -f <filename> 套用：

```
apiVersion: rbac.authorization.k8s.io/v1beta1
kind: RoleBinding
metadata:
  name: pause-privileged-psp-permissive
  namespace: default
roleRef:
  apiGroup: rbac.authorization.k8s.io
  kind: ClusterRole
  name: psp-privileged
subjects:
- kind: ServiceAccount
  name: pause-privileged
  namespace: default
```

最後請更新測試用工作負載，讓它引用 pause-privileged 這個服務帳號。接著以 kubectl apply 套用部署：

```
apiVersion: apps/v1
kind: Deployment
metadata:
  name: pause-privileged-deployment
  namespace: default
  labels:
    app: pause
spec:
  replicas: 1
  selector:
    matchLabels:
      app: pause
  template:
    metadata:
      labels:
        app: pause
    spec:
      containers:
      - name: pause
        image: k8s.gcr.io/pause
```

```
        securityContext:
          privileged: true
      serviceAccountName: pause-privileged
```

於是先前無法建立的 pod 現在可以透過特權策略建立了：

```
$ kubectl create -f pause-privileged-deployment.yaml
deployment.apps/pause-privileged-deployment created
$ kubectl get deploy,rs,pod
NAME                                                    READY   UP-TO-DATE
AVAILABLE   AGE
deployment.extensions/pause-privileged-deployment   1/1     1
1           14s

NAME                                                               DESIRED
CURRENT   READY   AGE
replicaset.extensions/pause-privileged-deployment-658dc5569f   1
1         1       14s

NAME                                               READY   STATUS    RESTARTS   AGE
pod/pause-privileged-deployment-658dc5569f-nslnw   1/1     Running   0          14s
```

要觀看目前符合的是哪一個 PodSecurityPolicy，指令如下：

```
$ kubectl get pod -l app=pause -o yaml | grep psp
     kubernetes.io/psp: privileged
```

PodSecurityPolicy 面臨的挑戰

現在各位已經學過如何設置和使用 PodSecurityPolicy 了，值得注意的是，如果要在現實環境中運用 PodSecurityPolicy，眼前仍有若干需要挑戰需要克服。這個小節會扼要地說明我們曾經經歷的挑戰。

合理的預設策略

PodSecurityPolicy 的實際威力，足以協助叢集管理員及使用者確保其工作負載能達到一定程度的安全性。實際上你可能根本不曾注意到有多少工作負載是以 root 的身分執行、或是使用了 `hostPath` 卷冊、乃至於其他的危險設定，迫使你為了讓這些工作負載保持運作，而不得不與千瘡百孔的安全策略妥協。

極費心力

要讓策略正確無誤，需要投注大量成本，尤其是當你在尚未啟用 PodSecurityPolicy 前，叢集上就已有大量工作負載在運作的時候。

你的開發人員是否有意願學習 PodSecurityPolicy？

你的開發人員是否有意願學習 PodSecurityPolicy？有什麼動機促使他們願意這樣做？要想順利轉換到 PodSecurityPolicy，如果缺乏必需的事前協調及自動化，最後的結局很有可能就是 PodSecurityPolicy 被棄而不用。

除錯會很辛苦

要替策略的套用結果除錯是十分困難的一件事。例如說，你可能想知道何以工作負載可以（或不能）對應特定策略。目前尚未出現能夠簡化這類工作的工具或日誌。

你是否仰賴不在自己控制範圍中的事物？

你的映像檔是否取自於 Docker Hub 或其他的公開儲存庫？這種管道非常有可能在某些層面無法與你的策略配合，而且你還無法修正它。另一個類似的管道是 Helm 圖表：它們對外公開時是否已內含你所需的適當策略？

PodSecurityPolicy 的最佳實務做法

PodSecurityPolicy 非常複雜而且容易出錯。在你自己的叢集中著手實作 PodSecurityPolicy 前，請先參照以下的最佳實務做法：

- 一切都要靠 RBAC。無論你喜好與否，PodSecurityPolicy 就是要靠 RBAC 才能運行。這種關係會把你原本設計 RBAC 策略時的缺失全部顯露出來。我們一再強調將 RBAC 和 PodSecurityPolicy 的建立和維護過程自動化的重要性。明確地鎖定服務帳號的取用權限，是運用策略的關鍵所在。
- 了解策略的範疇。最重要的是決定如何在叢集中佈置策略。你的策略可以涵蓋全叢集、或只涵蓋命名空間，範圍甚至可以縮小到特定工作負載。叢集中總會有些工作負載與 Kubernetes 叢集運作有關，這些工作負載自然需要較寬鬆的安全特權，因此請確保你的 RBAC 正確無誤，方可防止不必要的工作負載擅用你的寬鬆策略。

• 你是否要在現有的叢集上啟用 PodSecurityPolicy？請利用這個便利的工具（*https://oreil.ly/2XLne*），依照現有資源產生正確的策略。這是絕佳的起點。你可以以此為依據慢慢調整和改進策略。

PodSecurityPolicy 的未來

如以上所展示，PodSecurityPolicy 是非常強大的 API，有助於保護叢集安全，但使用它的代價高昂。如能謹慎規劃、並以務實的手法實施，任何叢集都可以成功地實施 PodSecurityPolicy。至少你的安全團隊一定會滿意。

工作負載隔離與 RuntimeClass

容器執行期間在工作負載隔離界限的處理方式上，始終被視為是不安全的。外界並無明確途徑證明當今常見的執行期間是否安全。業界對於 Kubernetes 的興趣和動機造就了各種容器執行期間的開發，它們各自擁有程度不等的隔離性。其中有些源於既有的技術堆疊，其他則都屬於試圖解決問題的嶄新嘗試。像是 Kata 容器、gVisor 和 Firecracker 之類的開放原始碼專案都宣稱能達到極好的工作負載隔離效果。這些特定的專案若非基於巢狀虛擬化（在虛擬機中運行另一個極輕型的虛擬機器）、就是以過濾和維護系統呼叫為基礎。

導入這些可以隔離不同工作負載的容器執行期間，使用者就可以按照隔離的保障程度，在同一叢集中選擇多種不一樣的執行期間。例如說，你可以在同一叢集中採用不一樣的容器執行期間，以便同時運行可靠的和不可靠的工作負載。

RuntimeClass 也是 Kubernetes 的一種 API，可以讓你選擇容器執行期間。一旦叢集管理員制訂了 RuntimeClass，它就代表了一種叢集能支援的容器執行期間。身為 Kubernetes 使用者的你，可以在 pod 規格中利用 RuntimeClassName 為你的工作負載指名特定的執行期間類別。內部的作法則是由 RuntimeClass 指定一個 `RuntimeHandler`，並傳遞給容器執行期間介面（Container Runtime Interface, CRI）去實現。然後就可以用 nodeSelectors 或 tolerations 搭配節點標籤或 taints，以確保工作負載只會調度至具備我們所需 RuntimeClass 的節點上。圖 10-1 展示的就是發動 pods 時，kubelet 如何使用 RuntimeClass。

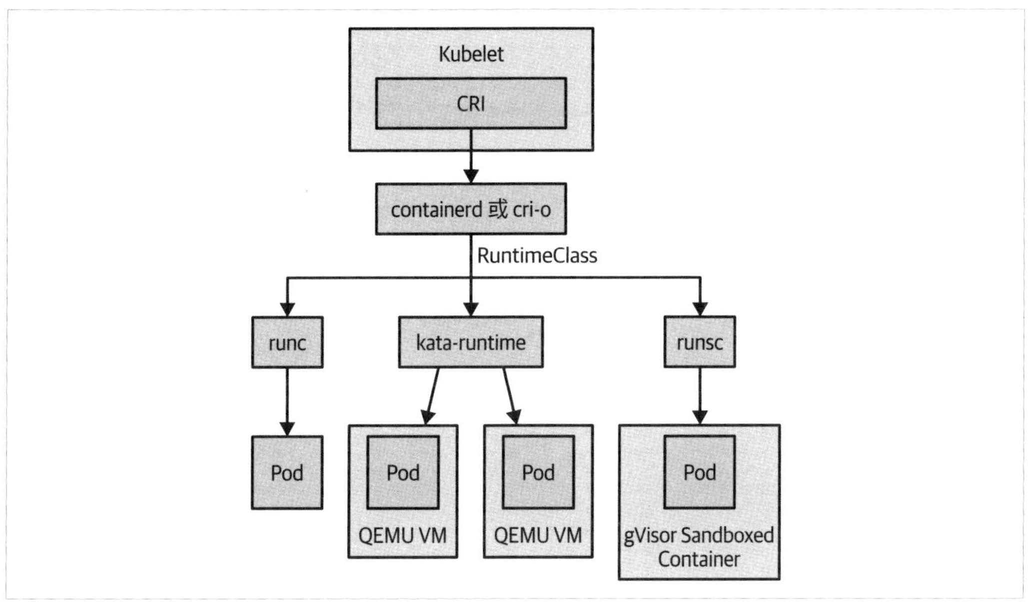

圖 10-1　RuntimeClass 流程圖

RuntimeClass 這個 API 尚在積極開發當中。此一功能的最新進展，請參閱上游文件（*https://oreil.ly/N3KbO*）。

使用 RuntimeClass

如果叢集管理員已經設置了不同的 RuntimeClasses，就只需在 pod 規格中以 runtimeClassName 指名採用即可；例如：

```
apiVersion: v1
kind: Pod
metadata:
  name: nginx
spec:
  runtimeClassName: firecracker
```

Runtime 實作

以下為數種開放原始碼的容器執行期間實作，各自具有不同程度的安全性和隔離性可供參考。以下內容並非詳盡清單，僅供參考：

CRI containerd（*https://oreil.ly/1wxU1*）

容器執行期間的 API 門面，強調簡單、耐用、以及可移植性。

cri-o（*https://cri-o.io/*）

刻意建置的 Kubernetes 容器執行期間，以開放容器計畫（Open Container Initiative, OCI）倡議規格為基礎的簡易實作版本。

Firecracker（*https://oreil.ly/on3Ge*）

建置在以核心為基礎的虛擬機器（Kernel-based Virtual Machine, KVM）上，此一虛擬化技術允許你透過傳統 VM 的安全及隔離性，在非虛擬化環境中迅速建立 microVMs。

gVisor（*https://gvisor.dev/*）

相容於 OCI 的沙箱型執行期間，以新的使用者空間核心（user-space kernel）運行容器，是一種負擔輕、安全、隔離良好的容器執行期間。

Kata 容器（*https://katacontainers.io/*）

以建置安全的容器執行期間為目標的社群所開發，執行外觀和操作都和容器近似的輕型 VMs，具備如同 VM 般的安全和隔離性。

工作負載隔離和 RuntimeClass 的最佳實務做法

以下最佳實務做法可讓大家避免踏入在實作工作負載隔離和 RuntimeClass 時常見的陷阱：

- 藉由 RuntimeClass 實作不同的工作負載隔離環境，會讓運作環境更形複雜。亦即工作負載可能會因隔離所帶來的特性而無法移植至不同的容器執行期間。不同執行期間所支援的功能差異可能會複雜到難以理解，連帶使得使用者觀感不佳。我們的建議是，最好以各自採用一種執行期間的不同叢集來避免混淆為上策。

- 工作負載隔離並不代表這是安全的分租方式。就算你實作了安全的容器執行期間，也不代表 Kubernetes 叢集和 APIs 就受到了相同的保護。你必須考量 Kubernetes 從點到點的整體安全層面。只是隔離了工作負載，不代表有心人就無法透過 Kubernetes 的 API 惡意竄改。
- 不同執行期間的工具無法相通。可能有些使用者會仰賴容器執行期間的工具來做除錯或檢討。擁有不同的執行期間，代表你可能再也無法只靠一道 `docker ps` 就能列出正在運行的容器。這會在排除問題時造成混淆和複雜性。

其他的 Pod 和容器安全性考量

除了 PodSecurityPolicy 和工作負載隔離以外，當你面臨如何處理 pod 和容器安全性的抉擇時，以下是一些可以考慮的工具。

入境控制器

如果你對於深入研究 PodSecurityPolicy 心有疑慮，以下幾種選項提供了部分的隔離功能，可以做為替代方案。各位可以利用像是 `DenyExecOnPrivileged` 和 `DenyEscalatingExec` 之類的入境控制器，搭配入境用的 webhook，加上 SecurityContext 工作負載設定來達成類似的效果。有關入境控制的詳情，請參閱第 17 章。

入侵與異常偵測

我們談過了安全策略和容器執行期間，但若是你想要檢討並在容器執行期間的內部實施策略時，又該如何？確實有一些開放原始碼工具可以達到目的。它們抑或是傾聽和篩選 Linux 的系統呼叫，或是利用柏克萊封包過濾器（Berkeley Packet Filter, BPF）為之。其中有一種名為 Falco 的工具（*https://falco.org/*）。Falco 是一項雲端原生運算基金會（Cloud Native Computing Foundation, CNCF）的專案，它其實只是以 Demonset 的形式安裝，讓你可以在執行時設定和實施策略。Falco 只是手段。我們鼓勵大家多檢視這類工具，看看其中哪些功能對你有用。

總結

在本章中，我們深入探討了 PodSecurityPolicy 和 RuntimeClass API，你可以利用它們達成非常精細的工作負載安全性。我們也檢視了若干開放原始碼的周邊系統工具，可以在容器執行期間中執行監看和實施策略。為了達成自己工作負載需求的安全性，如何做出明智的決策，我們也做了仔細的論述。

第十一章

叢集的策略與治理

你是否想過，如何確保所有運行在叢集中的容器都只來自事先准許的容器登錄所？或者是你被要求要保證服務不會對網際網路公開。這些正好就是與叢集策略暨治理相關的問題。隨著 Kubernetes 日趨成熟，逐漸為更多企業所採用，策略與治理的問題也會變得日益頻繁。雖說此一領域還在新興階段，我們在這一章裡還是會探討，你究竟該如何做才能確保叢集遵循企業的既定策略。

為何策略與治理如此重要？

無論你是否在管制嚴格的環境中運作——例如醫療或金融服務——抑或是你只想確保對叢集上運行的事物有一定程度的掌控，如此便需要一種可以實現企業既定策略的方式。一旦策略已定，你就得決定如何實現策略、以及維護遵循策略的叢集。這些策略可能早已因為法規遵循的需求而存在，抑或只是要確保事情會依最佳實務進行。無論何者，你都必須確保開發人員的敏捷性和自助服務不會因策略的實施而受到傷害。

這個策略有何不同？

在 Kubernetes 裡，策略無所不在。不論是網路策略或是 pod 安全策略，我們都已了解到策略為何物、以及何時該派上用場。我們信任 Kubernetes 資源規格所宣告的一切，必定是按照策略定義實作而成。網路策略和 pod 安全策略都是在執行期間實作的。然而，誰來管理 Kubernetes 資源規格中的實際定義內容？這便是策略和治理的職責。當我們從治理的觀點來討論策略時，談的不是如何對執行期間實施策略，而是我們如何定義出能控制 Kubernetes 資源規格本身的策略。唯有遵循策略的 Kubernetes 資源規格，才能提交給叢集。

雲端原生的策略引擎

為了要判定哪些資源是遵循策略的，我們需要一個彈性化、能滿足各種需求的策略引擎。開放策略代理（Open Policy Agent, OPA，*https://www.openpolicyagent.org*）是一種富於彈性的輕量型開放原始碼策略引擎，在雲端原生的周邊系統中已經日漸受到歡迎。在雲端原生的周邊系統中導入 OPA，促成了各種實作 Kubernetes 治理工具的誕生。這類讓社群熱衷的 Kubernetes 策略與治理專案之一，就是 Gatekeeper（*https://oreil.ly/RvKUw*。本章接下來的篇幅都會以 Gatekeeper 作為範例，藉以說明如何達成叢集的策略與治理。雖說周邊系統中尚有其他的策略與治理工具實作，它們的作法其實也一樣：藉由只讓遵循策略的 Kubernetes 資源規格可以提交至叢集，提供同樣的使用者觀感（UX）。

Gatekeeper 簡介

Gatekeeper 是一項開放原始碼的自訂 Kubernetes 入境用的 webhook，專門用於叢集策略與治理。Gatekeeper 利用了 OPA 的約束條件框架來實施自訂資源定義（custom resource definition, CRD）型式的策略。透過 CRD，就能達到策略的定義與實踐分離的整合 Kubernetes 體驗。策略範本又稱為**約束條件範本**，可以在叢集之間一再重複共用。Gatekeeper 促成了資源驗證和稽核功能。Gatekeeper 的傑出之處在於它是可移植的，亦即你可以在任何 Kubernetes 叢集中實作，而若是你已採行了 OPA，還可以把既有的 OPA 策略移植到 Gatekeeper 上。

Gatekeeper 仍在積極開發中，內容可能隨時有變動。有關專案的最新進展，請參閱官方上游儲存庫（*https://oreil.ly/Rk8dc*）。

策略範例

重點在於不要太過拘泥於細節，而著重在思考我們嘗試解決的問題。讓我們來檢視一些可以解決與遵循相關常見問題的策略：

- 服務不得對網際網路公開。
- 只接受來自可靠容器登錄所的容器。
- 所有的容器必須設有資源限制。
- Ingress 主機名稱不得重複。
- Ingress 必須只使用 HTTPS。

Gatekeeper 的術語

Gatekeeper 採用了大量與 OPA 共通的術語。我們務必先理解這些術語，才能進而理解 Gatekeeper 如何運作。Gatekeeper 採用了 OPA 的約束條件框架。以下介紹三個新的名詞：

- 約束條件（Constraint）
- Rego
- 約束條件範本（Constraint template）

約束條件

要理解何謂約束條件，最直接的方式，就是將其視為可以套用在 Kubernetes 資源規格的特定欄位及其資料值之上的限制。亦即當你定義約束條件時，應該有效地說明哪些內容是你**不想要的**。這種方式的奧妙在於，只要是沒有約束條件明言不允許存在的資源，就等於是默許。重點是，各位並非要去指定哪些 Kubernetes 資源規格欄位和資料值是可以允許的，而是只需明言哪些不允許即可。此種結構化的決策邏輯十分適合用在 Kubernetes 的資源規格上，因為其內容始終都在變動之故。

Rego

Rego 是一種 OPA 原生的查詢語言。Rego 的查詢等同於我們對 OPA 所含資料的主張。Gatekeeper 會把 rego 儲存在約束條件範本裡。

約束條件範本

各位可以把這個東西看成像策略範本一樣。它是可以移植、也可以重複使用的。約束條件範本由一系列類型化的參數、以及經過參數化以便重複使用的目標 rego 合組而成。

定義約束條件範本

約束條件範本其實是自訂資源定義（Custom Resource Definition（*https://oreil.ly/LQSAH*），簡稱 CRD）的一種，它提供了一個範本化的策略，以便共享或重複使用。此外，策略中的參數是可以驗證的。我們來看一個以先前的範例為背景的約束條件範本。在下例中，我們要分享一個約束條件範本，而這個範本會構成「只允許來自可信容器登錄所的容器進入」的策略：

```
apiVersion: templates.gatekeeper.sh/v1alpha1
kind: ConstraintTemplate
metadata:
  name: k8sallowedrepos
spec:
  crd:
    spec:
      names:
        kind: K8sAllowedRepos
        listKind: K8sAllowedReposList
        plural: k8sallowedrepos
        singular: k8sallowedrepos
      validation:
        # `參數`欄位的架構
        openAPIV3Schema:
          properties:
            repos:
              type: array
              items:
                type: string
  targets:
    - target: admission.k8s.gatekeeper.sh
      rego: |
        package k8sallowedrepos

        deny[{"msg": msg}] {
          container := input.review.object.spec.containers[_]
          satisfied := [good | repo = input.constraint.spec.parameters.repos[_] ;
good = startswith(container.image, repo)]
          not any(satisfied)
          msg := sprintf("container <%v> has an invalid image repo <%v>, allowed repos
are %v", [container.name, container.image, input.constraint.spec.parameters.repos])
        }
```

約束條件範本由三個主要元件組成：

Kubernetes 所需的 CRD 中介資料

這個名稱是最重要的部分。我們等下就會參考它。

輸入參數的架構

由驗證欄位組成，這個段落定義了輸入的參數及其類型。在範例中，我們只定義了一個名為 `repo` 的參數，其類型為字串組成的陣列。

策略的定義

由目標欄位組成，這個段落包含已經過範本化的 rego（OPA 中定義策略的語言）。利用約束條件範本，就可以把範本化的 rego 拿來重複使用，而且可以共用一般性的策略。只要與規範比對相符，就代表已經違反約束條件。

約束條件的定義

為了運用以上的約束條件範本，我們必須建立一個約束條件（constraint）的資源。這個資源的目的在於替我們先前建立的約束條件範本提供必要的參數。各位可看到下例中資源所定義的 `kind` 內容值為 `K8sAllowedRepos`，正好呼應先前一小節中定義的約束條件範本：

```
apiVersion: constraints.gatekeeper.sh/v1alpha1
kind: K8sAllowedRepos
metadata:
  name: prod-repo-is-openpolicyagent
spec:
  match:
    kinds:
      - apiGroups: [""]
        kinds: ["Pod"]
    namespaces:
      - "production"
  parameters:
    repos:
      - "openpolicyagent"
```

約束條件包含兩個主要段落：

Kubernetes **的中介資料**

注意這個約束條件的 `kind` 是 `K8sAllowedRepos`，這正好呼應約束條件範本的名稱。

The spec

`match` 欄位定義的就是策略要影響的範圍。在本例中，我們要比對的就只有處於正式環境命名空間中的 pods。

參數定義了策略的意圖。注意它們會根據前一節中約束條件範本的架構去比對類型資訊。在此例中，我們只允許名稱開頭帶有 `openpolicyagent` 字樣的容器映像檔上線。

約束條件具有以下的運作特性：

- 邏輯上的 AND 處理傾向
  — 當多個策略驗證同一個欄位時，只要有一項違反，整個請求都會遭拒
- 架構驗證有助於早期偵測錯誤
- 選擇標準
  — 可以使用標籤選擇器
  — 只對特定的種類（kinds）設限
  — 只在特定命名空間中設限

資料複製

在某些案例中，你或許會想要把目前的資源和叢集中其他的資源做比較，以「Ingress 主機名稱不得重複」這個策略為例。OPA 需要把所有其他的 Ingress 資源放在暫存區中，以便逐一和規範比對。Gatekeeper 以 `config` 資源來管理哪些資料可以讓 OPA 放入暫存區，以便 OPA 執行上述的比對。此外，`config` 資源也可以用在稽核功能當中，稍後就會提到。

以下示範的 `config` 資源會把 v1 的服務、pods 和命名空間都放進暫存區：

```
apiVersion: config.gatekeeper.sh/v1alpha1
kind: Config
metadata:
name: config
```

```
    namespace: gatekeeper-system
  spec:
    sync:
      syncOnly:
      - kind: Service
        version: v1
      - kind: Pod
        version: v1
      - kind: Namespace
        version: v1
```

UX

Gatekeeper 會即時向叢集使用者回報違反既定策略的資源。如果以上一節的範例來說，我們只允許名稱開頭帶有 openpolicyagent 字樣的容器映像檔上線。

我們就來試著建立以下的資源；它並未遵循既有的策略：

```
apiVersion: v1
kind: Pod
metadata:
  name: opa
  namespace: production
spec:
  containers:
    - name: opa
      image: quay.io/opa:0.9.2
```

於是你立刻就會看到原本約束條件範本中定義的違反警訊：

```
$ kubectl create -f bad_resources/opa_wrong_repo.yaml
Error from server (container <opa> has an invalid image repo <quay.io/opa:0.9.2>,
allowed repos are ["openpolicyagent"]): error when creating "bad_resources/
opa_wrong_repo.yaml": admission webhook "validation.gatekeeper.sh" denied the request:
container <opa> has an invalid image repo <quay.io/opa:0.9.2>, allowed repos are
["openpolicyagent"]
```

稽核

到目前為止，我們只探討了如何定義策略，並將其作為實施請求入境程序時的一部分。那麼在面對其中已有資源部署的叢集、又必須知道其中哪些部分符合既定策略時，應如何處理？這就是稽核要達成的目標。有了稽核，Gatekeeper 就會定期以既定的約束條件來評估資源。此舉有助於偵測設定偏離策略的有誤資源，而且可以進行整飭。稽核的結果會儲存在約束條件的狀態欄位中，因此只需以 kubectl 指令就可以輕易取得。要啟用稽核，必須先複製需要稽核的資源。詳情請參閱「資料複製」一節。

我們來看看這個前一小節所定義、名為 prod-repo-is-openpolicyagent 的約束條件：

```
$ kubectl get k8sallowedrepos prod-repo-is-openpolicyagent -o yaml
apiVersion: constraints.gatekeeper.sh/v1alpha1
kind: K8sAllowedRepos
metadata:
  creationTimestamp: "2019-06-04T06:05:05Z"
  finalizers:
  - finalizers.gatekeeper.sh/constraint
  generation: 2820
  name: prod-repo-is-openpolicyagent
  resourceVersion: "4075433"
  selfLink: /apis/constraints.gatekeeper.sh/v1alpha1/k8sallowedrepos/prod-repo-is-
openpolicyagent
  uid: b291e054-868e-11e9-868d-000d3afdb27e
spec:
  match:
    kinds:
    - apiGroups:
      - ""
      kinds:
      - Pod
    namespaces:
    - production
  parameters:
    repos:
    - openpolicyagent
status:
  auditTimestamp: "2019-06-05T05:51:16Z"
  enforced: true
  violations:
  - kind: Pod
    message: container <nginx> has an invalid image repo <nginx>, allowed repos are
      ["openpolicyagent"]
    name: nginx
    namespace: production
```

經過檢視，就可以發現上一次稽核的時間就在 auditTimestamp 欄位裡。我們也可以在 violations 欄位中發現所有已違反約束條件的資源。

熟悉 Gatekeeper

Gatekeeper 的儲存庫中備有絕佳的展示內容，其中詳盡的策略建置範例，會引領使用者完成一份銀行業所需的遵循內容。我們鄭重建議大家跟著展示內容演練，以便實際熟悉 Gatekeeper 如何運作。文件可參閱 Git 儲存庫的示範（*https://oreil.ly/GcR3i)*）。

Gatekeeper 的下一步

Gatekeeper 專案仍在持續發展，同時也希望能解決其他關於策略與治理領域的問題，包括以下功能：

- Mutation（按照策略來修改資源；例如添加標籤）
- 外部資料來源（整合 Lightweight Directory Access Protocol [LDAP] 或是 Active Directory 以便查詢策略）
- 授權（利用 Gatekeeper 作為 Kubernetes 的授權模組）
- Dry run（允許使用者在叢集中實際運用前先行測試策略）

如果你對這些問題有興趣，並且希望能參與解決，Gatekeeper 社群始終歡迎新進的使用者和貢獻者共同襄助，塑造專案的前景。想進一步了解詳情，可參閱 GitHub 的上游儲存庫（*https://oreil.ly/Rk8dc*）。

策略與治理的最佳實務做法

讀者在叢集中實作策略與治理時，應當考量以下最佳實務做法：

- 如果要對 pod 定義中的特定欄位實施策略控制，你必須先決定有哪些 Kubernetes 的資源規格需要調查和套用策略。以 Deployments 為例來考量。Deployments 管理 ReplicaSets、ReplicaSets 又管理了 pods。我們可以對這三個層面都實施控制，但最好的方式還是在提交給執行期間之前的最後一步把關，也就是對 pod 套用策略。然而，此一決策仍有隱憂。當我們嘗試部署不遵循約束條件的 pod 時，如同第 171 頁的「UX」一節所示的簡明易懂錯誤訊息，就不會再出現。這是因為使用者並非建立不遵循約束條件資源的元兇，而是 ReplicaSet。這個問題意味著使用者必須自行對 Deployment 轄下的 ReplicaSet 執行 `kubectl describe`，藉以判斷是哪一個資源不遵循約束條件。雖說此舉看似繁瑣，卻與其他 Kubernetes 功能的行為一致，例如 pod 安全策略[譯註 2]。

- 約束條件可以將實施對象套用在以下的 Kubernetes 資源上：種類（kinds）、命名空間、以及標籤選擇器。我們鄭重建議，當你想要為資源套用約束條件時，應對這些條件設下緊密控制的範圍。這樣一來，當叢集中的資源不斷增長時，也能確保策略行為的一致，而且不需評估的資源也不會提交給 OPA，可以避免效率越趨低下。
- **不建議**對 Kubernetes 的 secrets 之類的潛在敏感性資料進行策略的同步和實施。因為 OPA 會將這類資料放在暫存區（如果該資料被設為需要抄寫），再將資源提交給 Gatekeeper，這會為攻擊來源的潛在目標。
- 如果你定義了許多約束條件，一個拒絕的約束條件就會讓整個請求都被拒絕。此一功能不接受邏輯上的 OR 處理。

總結

在本章中，我們談到了策略與治理的重要性，同時也演練了一個以 OPA 建立的專案，一個雲端原生周邊系統的策略引擎，藉以建立一個 Kubernetes 原生的策略與治理作法。現在，當各位下次遇到安全團隊質疑「我們的叢集是否遵循既定策略？」時，應該已經胸有成竹了。

譯註 2 無獨有偶，前面第 155 頁在驗證 psp 時，我們以 `kubectl create -f` 搭配 yaml 檔部署違反策略的 deployment，但是等到事後要檢視錯誤詳情時，必須改以 `kubectl describe replicaset` 來檢視。這是當你錯過 create 資源當下出現警訊後，要回頭診斷時應注意的竅門。

第十二章

管理多重叢集

在本章中，我們要探討管理多重 Kubernetes 叢集時的最佳實務做法。本章將深入探討多重叢集與叢集聯合（federation）之間管理方式的詳細差異、多重叢集的管理工具、以及管理多重叢集時的維運模式。

各位或許會自忖為何會需要用到多個 Kubernetes 叢集；Kubernetes 不是在原本設計時就已考慮到要將多重工作負載整合在單一叢集中了嗎？確實如此，但還是有些例外的場合，像是跨地區的工作負載、對於破壞半徑的顧慮、對法規的遵循、以及特殊工作負載等等。

我們會一一探討這些場合，同時研究多重 Kubernetes 叢集的管理工具和技術。

為何需要多重叢集？

採用 Kubernetes 時，就可能會有一個以上的叢集存在，甚至可能會從一個以上的叢集開始，將正式環境與中間階段（staging）、使用者驗收測試（user acceptance testing, UAT）、或是開發環境分開來。Kubernetes 確實透過命名空間提供了若干分租功能，命名空間以邏輯的方式將叢集切分成較小的邏輯結構。命名空間允許定義自己的基於角色的存取控制（RBAC）、配額、pod 安全策略、以及網路策略等等，以便分離工作負載。這的確是分離多重團隊或專案的好辦法，但仍有其他的顧慮需要以多重叢集架構來解決。以下就是在多重叢集和單一叢集架構之間抉擇時的一些考量：

- 破壞半徑
- 遵循需求（compliance）

- 安全性
- 硬性分租
- 以地域為根據的工作負載
- 特殊的工作負載

在考量架構時，**破壞半徑**應該列為優先重點。這是設計多重叢集架構時的主要考量點之一。對於微服務架構，我們採用了 circuit breakers、retries、bulkheads、以及 rate limiting 來限制系統受損的程度。各位在設計基礎設施層時也應採用相同設計，而多重叢集有助於預防因軟體問題引起的故障擴散後的影響。例如說，假設你有一個涵蓋 500 項應用程式的叢集，一旦平台發生問題，受影響的就是所有 500 個應用程式。但若是你的平台層面問題發生在由 5 個叢集涵蓋的 500 個應用程式，就只會有五分之一的應用程式受到影響。這種做法的缺點是你必須管理 5 個叢集，而且整合率就不會像單一叢集那般理想。Dan Woods 曾撰寫過一篇佳作（*https://oreil.ly/YnGUD*），其中詳述了一個 Kubernetes 正式環境的真實故障擴散案例。對於為何要在較大型環境中考量多重叢集，這是一個絕佳的範例。

遵循需求則是多重叢集設計的另一個需要考量的領域，因為像是支付卡業界（Payment Card Industry, PCI）、醫療保險可攜性（Health Insurance Portability）、健康保險便利和責任法案（HIPAA）、以及其他領域的工作負載而言，都各有獨特的考量。並非 Kubernetes 缺乏分租功能，而是上述的工作負載若能與一般用途的工作負載分離開來，可能會比較容易管理之故。這些有遵循需求考量的工作負載可能有各自的特殊需求，像是強化安全性、元件不得共用、或是專屬的工作負載需求等等。直接把這類工作負載分開來，顯然要比以特殊方式處理叢集要容易得多。

大型 Kubernetes 叢集的**安全性**可能會變得難以控管。當你把越來越多的團隊加入到 Kubernetes 叢集中時，每個團隊可能都有不同的安全需求，因此要在大型的分租叢集中滿足這些需求，可能會變得日益困難。在單一叢集裡，即使只是要管理 RBAC、網路策略、以及 pod 安全性的規模調節都很困難。一個網路策略的小小變動都可能會在無意間使得叢集中其他使用者的安全門戶大開。若改用多重叢集，就可以侷限錯誤設定的安全影響範圍。如果你覺得大型 Kubernetes 叢集比較適合你的需求，那麼就必須有良好的運作程序來執行安全變更，而且也需要掌握 RBAC、網路策略和 pod 安全策略變動時的破壞影響範圍。

Kubernetes 不具備**硬性分租功能**（*hard multitenancy*），因為它會讓所有叢集中的所有工作負載共享相同的 API 界線。透過命名空間，可以達成不錯的軟性分租功能，但不足以防禦叢集中不友善的工作負載。需要硬性分租功能的使用者並不多；一般使用者信任其他在叢集中運行的工作負載。除非你是雲端服務商，必須提供軟體即服務（SaaS）式的軟體、或是運行的不可信工作負載中還仰賴不可靠的使用者控制機制，就會比較重視硬性分租功能。

每當運行的工作負載需要服務來自同一地區內端點的流量時，設計就必須顧及每個地區內的多重叢集。當你的應用程式遍佈全球時，運行多重叢集是不可避免的。如果你的工作負載必須**按地區分佈**時，這時就該考慮多重叢集的叢集聯合（cluster federation of multiple clusters）了，我們在本章後面的小節會繼續深入這個議題。

像是高效能演算（high-performance computing, HPC）、機器學習（machine learning, ML）和網格演算（grid computing）之類的**特殊化工作負載**，在多重叢集架構中也需要格外留意。這些類型獨特的特殊化工作負載可能都需要用到特定類型的硬體、或是有獨特的效能需求、甚至還會有專門的叢集使用者。我們曾經觀察到，這種運用目標案例在進行設計決策時較不受青睞，因為多個 Kubernetes 的節點池也可以解決專屬硬體和效能需求等問題。當你需要為 HPC 或機器學習等工作負載運用非常龐大的叢集時，應該考慮為這些工作負載提供專屬的叢集。

透過多重叢集，隔離是「無償的」，但是也有一些設計上的顧慮，必須在一開始就加以解決。

多重叢集的設計考量

選擇多重叢集設計時，一定會遇上若干難題。有時可能會因為架構太過複雜迫使你放棄採用多重叢集設計。以下是一些常見的難題：

- 資料複製
- 服務搜尋
- 網路路由
- 維運管理
- 持續部署

在跨越地理區域和多重叢集部署工作負載時，**資料複製**和一致性始終都是癥結所在。運行這些服務時，各位必須決定在哪些地方運行何種內容，並據此制訂複製策略。大部分的資料庫都有內建工具可以處理複製，但是應用程式就必須經過設計，方可處理複製的策略。對 NoSQL 類型的資料庫服務而言，複製不是問題，因為它們原本就善於處理跨越執行實例的規模調節動作，但你得確保自己的應用程式可以處理跨越地理區域的最終一致性，或至少能應付地域間的延遲問題。像是 Google 的 Cloud Spanner 和微軟的 Azure CosmosDB 等雲端服務，都有內建的資料庫服務可以協助在跨越多重地理區域處理資料時的諸多問題。

每一個 Kubernetes 叢集都會部署自己的**服務搜尋**登錄表，但是多重叢集之間的登錄表彼此並不會同步。因而使得要輕鬆地識別及尋找其他服務變得愈益複雜。於是便有了 HashiCorp 的 Consul 這類的工具，可以不著痕跡地同步多重叢集之間的服務，甚至連位於 Kubernetes 以外的服務也可以同步。其他如 Istio、Linkerd 和 Cillium 等工具也都可以建置在多重叢集架構上，以便延伸叢集之間的服務搜尋功能。

Kubernetes 簡化了叢集內部的網路互連，因為它採用的是扁平式網路，又避免了使用網路位址轉換（NAT）。如果你需要讓流量進出叢集，情況就會變得複雜。進入叢集的入口（ingress）是以 1:1 的方式對映叢集入口的，因為它無法以 Ingress 資源支援多重叢集拓樸。同時各位還需考量叢集之間的出口（egress）流量、以及如何轉送這些流量。當你的應用程式處於同一叢集中時這些都不是問題，但是一旦引進多重叢集，就必須思考應用程式在仰賴其他叢集中的服務時，因為額外途徑而造成的延遲。對於彼此緊密依存的應用程式而言，你應當考慮將它們放在同一個叢集中運行，以便消除延遲和不必要的複雜性。

管理多重叢集最大的負擔之一，就是**維運管理**。此時已不再是單一或少數幾個叢集需要管理和保持一致，而是環境中有許多個叢集都需要管理。管理多重叢集時，最重要的面向之一就是要確保有良好的自動化實務做法，因為唯有如此方能減輕運作的負擔。為叢集設計自動化時，必須考量基礎設施的部署、以及叢集的附加功能管理。要管理基礎設施，請利用像是 HashioCrp 的 Terraform 之類的工具，會有助於部署和管理大型叢集群的一致狀態。

運用 Terraform 這類的**基礎設施即程式碼**（*Infrastructure as Code*, IaC）工具，就能用可以一再重現的方式部署叢集，這是最大的優點。另一方面，你也需要能一致地管理叢集附加功能，像是監看、日誌紀錄、入口、安全性、以及其他工具等等。安全性也是維運管理的一個重要面向，你必須要能維護叢集間的安全策略、RBAC、以及網路策略等等。本章稍後會深入探討，如何以自動化維持叢集一致性。

如果以多重叢集搭配**持續部署**（CD），就必須處理多個 Kubernetes 的 API 端點與單一 API 端點對立的問題。這在配置應用程式時會十分棘手。當然你可以輕易地管理多重管線，但是若你有上百個彼此互異的管線要管理時，應用程式的配置就不再那麼簡單了。遇到這種情況，就得另闢蹊徑來管理這種狀況。本章稍後便會來探討若干有助於管理以上困境的解決方案。

在多重叢集中管理部署

在管理多重叢集部署時，首要步驟之一就是要利用 Terraform 之類的 IoC 工具[譯註1]來設置部署。至於其他的部署工具，像是 kubespray、kops，或其他雲端供應商專有的工具，也都可以考慮，不過最重要的是，要選擇一樣便於對叢集部署持續實施原始碼版本控管的工具。

自動化也是成功管理多重叢集環境的成功要素。或許你不會在起步時就將所有事務自動化，但是你應該把叢集部署和所有的運作內容自動化視為第一優先要務處理。

有一個開發中的專案，名為 Kubernetes Cluster API（*https://oreil.ly/edzIa*）。Cluster API 這個 Kubernetes 專案的目的，在於建立一個宣告式的 Kubernetes 風格 APIs，以便建立、設定和管理叢集。它在 Kubernetes 的核心上層提供了選擇性的附加功能。Cluster API 提供的叢集層面設定，都是透過尋常的 API 宣告的，如此就能輕鬆地建立叢集自動化所需的工具、將其自動化。在本書付梓前，專案仍在進行當中，因此請隨時關注專案日後的進展。

部署和管理的模式

Kubernetes operator 被視為是**基礎設施即軟體**（*Infrastructure as Software*）概念的實現。利用它就等於把 Kubernetes 叢集的應用程式和服務的部署做了抽象化。例如說，設想你要將監看 Kubernetes 叢集用的 Prometheus 標準化，你會需要為每一個叢集和團隊建立和管理各種物件（部署、服務、入口等等）。而且必須維護 Prometheus 所有的基本設定，像是版本、持久性、保留策略、以及抄本等等。可以想見，要為大量的叢集和團隊維護這類解決方案時，會有多麼艱難。

譯註1 IoC 應該是 IaC 的誤植。IaC 是 Infrastructure as Code 的縮寫，意為「基礎設施即程式碼」，意即資料中心的基礎設施不再仰賴傳統的實體硬體設定或互動式設定工具來維護，而是以機器可以讀取的定義檔來進行電腦的管理與準備。

為了不用面對這麼多的物件和設定，可以安裝 `prometheus-operator`。它延伸了 Kubernetes 的 API，將 `Prometheus`、`ServiceMonitor`、`PrometheusRule` 和 `AlertManager` 等公布為新的物件種類（kinds），這樣只須透過少數新物件就能指定 Prometheus 部署的所有細節。你可以透過 `kubectl` 工具來管理這類物件，就像在管理任何其他 Kubernetes 的 API 物件那樣。

圖 12-1 顯示的就是 `prometheus-operator` 的架構

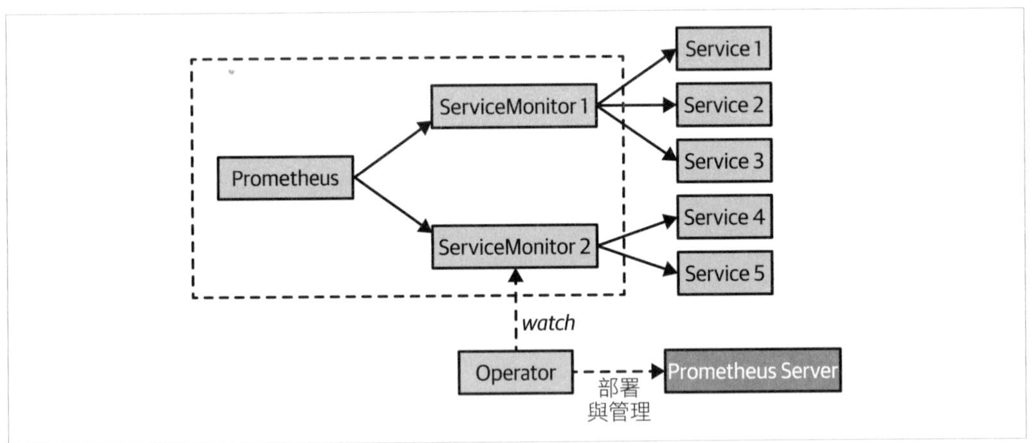

圖 12-1　prometheus-operator 的架構

透過 *Operator* 模式將關鍵維運任務自動化，有助於改善叢集的整體管理能力。Operator 模式係由 CoreOS 團隊在 2016 年引進，包括 etcd operator 和 `prometheus-operator`。Operator 模式建立在兩個概念上：

- 自訂資源定義
- 自訂控制器

自訂資源定義（*Custom resource definitions*, CRDs）是一種物件，可以讓你按照自訂的 API 去延伸 Kubernetes 的 API。

自訂控制器（*Custom controllers*）則是建立在 Kubernetes 的資源和控制器等核心概念上。自訂控制器讓你可以監看來自 Kubernetes 的 API 物件，如命名空間、Deployments、pods 或是你的 CRD 等等，藉此建立自己的邏輯。透過自訂控制器，可以用宣告的方式建立自己的 CRDs。如果你了解 Kubernetes 的 Deployment 控制器是如何在調解循環中維護部署物件的狀態、以保有其宣告的狀態，就可以理解控制器會為 CRDs 帶來何種優勢。

一旦運用 Operator 模式，就可以把多重叢集中原本需要以維運工具執行的維運任務加以自動化。以下面的 Elasticsearch operator（*https://oreil.ly/9WvJQ*）為例。如第 3 章所述，我們利用了 Elasticsearch、Logstash 和 Kibana（ELK）堆疊來執行叢集日誌整合。Elasticsearch operator 可以執行下列運作：

- 為 master、client 及資料節點做抄本
- 為高可用性部署安排 Zones
- 為 master 和資料節點安排 Volume 容量
- 重新安排叢集規模
- 替 Elasticsearch 叢集製作備份快照

各位已經看到，operator 可以把你在管理 Elasticsearch 時必須執行的許多任務都予以自動化，像是自動製作備份快照、或是重新調節叢集規模等等。而它的美妙之處，就是你完全可以只靠已經再也熟悉不過的 Kubernetes 物件來管理這一切。

請想想你可以如何在自己的環境中運用像是 `Prometheus-operator` 這樣的各類 operators，以及如何建立自己自訂的 operator，以便減輕尋常的維運任務負擔。

管理叢集的 GitOps 手法

GitOps 手法是由 Weaveworks 員工散佈而普及的，其觀念及基礎則是源於該公司在正式環境中運行 Kubernetes 的親身體驗。GitOps 利用了軟體開發週期的概念，並將其應用在運作上。透過 GitOps，你的 Git 儲存庫就會成為一切事實的起源，而叢集則會與設定好的 Git 儲存庫同步。舉例來說，如果你更新了一個 Kubernetes 的 Deployment 項目清單，這些組態設定的變動就會自動反映在叢集的狀態上。

透過這個手法，就可以輕易地維護多重叢集的一致性，同時避免叢集群中發生組態漂移。GitOps 允許以宣告的方式描述多種環境和磁碟的叢集，以便維持叢集的狀態。GitOps 的實務可以同時套用在應用程式的交付和運作上，但是在本章中，我們會著重在以它來管理叢集與維運工具。

Weaveworks Flux 是最先啟用 GitOps 手法的工具之一，它也是我們會在以下章節使用的工具。坊間也有很多發佈至雲端原生周邊系統的新工具值得研究，例如 Intuit 員工開發的 Argo CD，它也常被當成 GitOps 手法廣泛採用。

圖 12-2 呈現的便是 GitOps 工作流程的外觀。

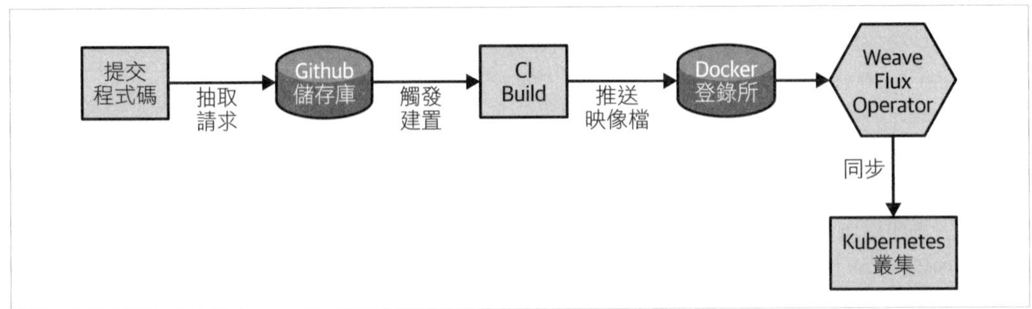

圖 12-2　GitOps 的工作流程

因此我們就來替叢集設置一套 Flux，然後讓儲存庫同步至叢集：

```
git clone https://github.com/weaveworks/flux
cd flux
```

現在你必須對 Deployment 項目清單做些變動，以便設定你在第 6 章分支出來的儲存庫。請修改 Deployment 檔案中的一行如下，以便對應分支的 GitHub 儲存庫：

```
vim deploy/flux-deployment.yaml
```

然後修改 Git 儲存庫如下：

```
--git-url=git@github.com:weaveworks/flux-get-started (ex. --git-url=
git@github.com:your_repo/kbp )
```

現在繼續把 Flux 部署至叢集中：

```
kubectl apply -f deploy
```

安裝 Flux 時，它會產生一個 SSH 密鑰，以便讓 Git 儲存庫認證。請利用 Flux 的指令列工具取得 SSH 密鑰，以便設定取用分支的儲存庫；首先請安裝 `fluxctl`。

在 MacOS 裡的做法：

```
brew install fluxctl
```

Linux 的 Snap 套件裝法：

```
snap install fluxctl
```

其他套件可以在此找到最新的二進位檔（*https://oreil.ly/4TAx5*）：

```
fluxctl identity
```

進入 GitHub，瀏覽你的分支，進入 Setting > 「Deploy keys」，點選「Add deploy key」，然後賦予一個標題，勾選「Allow write access」，再把 Flux 的公鑰貼進去，然後點選「Add key」。至於如何管理部署密鑰，詳情請參閱 GitHub 文件。

如果你現在檢視 Flux 的日誌，應該就會看到它正在與你的 GitHub 儲存庫進行同步：

```
kubectl -n default logs deployment/flux -f
```

在你看到它與你的 GitHub 儲存庫同步之後，接著應該就會看到 Elasticsearch、Prometheus、Redis 和前端的 pods 依次就緒：

```
kubectl get pods -w
```

以上範例執行完畢後，大家應該已經體會到，要讓 GitHub 儲存庫和 Kubernetes 叢集同步並不困難。連帶也使得叢集中管理多種維運工具的動作簡單許多，因為多重叢集只需與一個儲存庫同步就能完成任務，避免了叢集過量難以控制的窘境。

多重叢集的管理工具

在處理多重叢集時使用 Kubectl，可能會馬上感到混淆而不知所措，因為你必須設置不同的背景才能管理不同的叢集。處理多重叢集時不可或缺的兩種工具，分別是 *kubectx* 和 *kubens*，有了它們，就能輕鬆地在多個背景及命名空間之間轉換。

如果你需要一個成熟的多重叢集管理工具，在 Kubernetes 的周邊系統中倒是有幾種這類的工具值得研究。以下便是若干較受歡迎工具的摘述：

- *Rancher* 以一個集中管理的使用者介面（UI）來集中管理多重 Kubernetes 叢集。它的設置方式能跨越本地端、雲端和託管的 Kubernetes，對 Kubernetes 叢集執行監看、管理、備份、以及還原。同時它也提供可以控制多重叢集部署的應用程式、以及維運的工具。

- *KQueen* 提供的則是一個共用型的自助式 Kubernetes 叢集開通窗口，專注於替多重 Kubernetes 叢集提供稽核、能見度、以及安全性等功能。KQueen 是一項開放原始碼專案，由 Mirantis 的員工所開發。

- *Gardener* 所採取的多重叢集管理手法則是截然不同，它利用了 Kubernetes 原生元件，以 Kubernetes 即服務的形式提供給使用者。它支援所有主流的雲端服務廠商，由 SAP 的員工所開發。此一解決方案完全係針對要建構 Kubernetes 即服務的使用者而設計。

Kubernetes 叢集聯合

Kubernetes 最早是在 1.3 版時首度引進 Federation v1 的，但隨後即被 Federation v2 所取代。Federation v1 的用意在於協助將應用程式分配到多重叢集。Federation v1 係利用 Kubernetes API 建置而成，其運作十分仰賴 Kubernetes 的註記（annotations），因而在設計上造成了一些問題。這種設計與 Kubernetes 的核心 API 緊密相關，因此 Federation v1 的本質就變得非常集中單一化。當時這種設計決策也許並不算錯，而是企圖以既有的原生元件來建置。後來 Kubernetes 引進了 CRD，才能以不同的方式來思考叢集聯合的設計。

Federation v2（現在稱為 *KubeFed*），需要 Kubernetes 1.11 以上的版本才能支援，本書撰稿時仍在 alpha 開發階段。Federation v2 係根據 CRD 和自訂控制器的觀念建置而成，它允許你以新的 API 來延伸 Kubernetes。以 CRD 概念建置的叢集聯合允許制訂新的 API 類型，而不會受限於先前 v1 版本的部署物件。

KubeFed 並不一定只能適用於多重叢集管理，它也能跨越多重叢集，進行高可用性（high availability, HA）部署。你可以靠它將多重叢集組合成單一管理端點，以便交付 Kubernetes 應用程式。例如說，如果你有一個存在於多重公有雲環境的叢集，就可以將這些叢集組合成一個單一控制層面，以便管理所有叢集的部署，藉以提升應用程式的彈性。

本書撰稿時，已有以下的資源可以接受叢集聯合處理：

- 命名空間
- ConfigMaps
- 密語（Secrets）
- 入口（Ingress）
- 服務
- 部署

- ReplicaSets
- Horizontal Pod Autoscalers
- DaemonSets
- Jobs

要理解其運作方式，我們先來看圖 12-3 的架構。

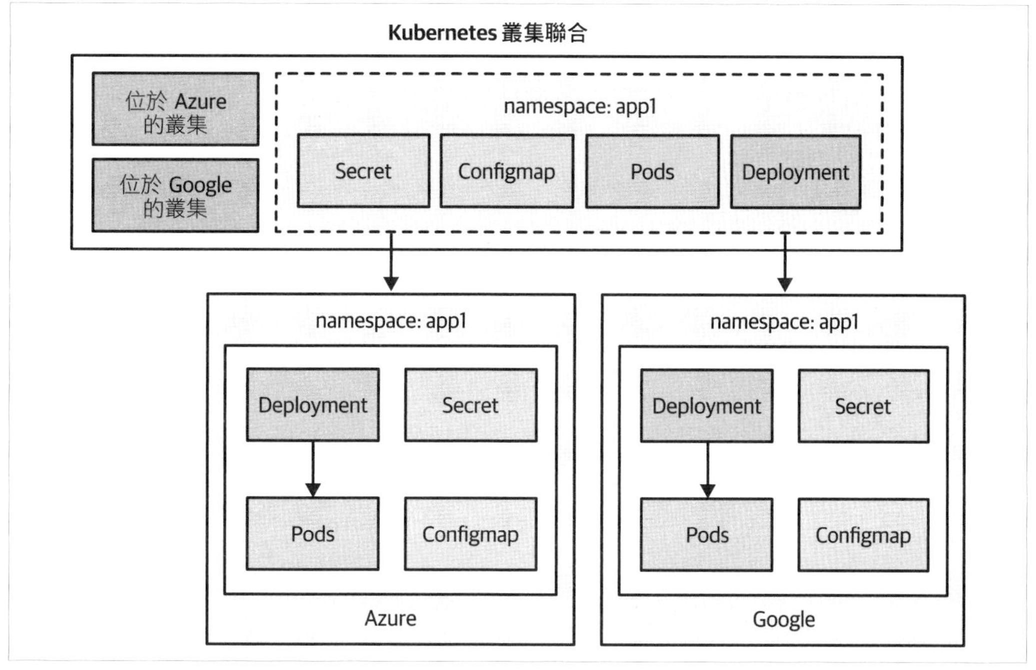

圖 12-3 Kubernetes 叢集聯合的架構

重點在於，各位必須理解叢集聯合並非一味地將所有事物都複製到所有叢集。舉例來說，你以 Deployments 和 ReplicaSets 定義了抄本數量，然後散佈到叢集之中。這是 Deployments 預設的行為模式，但你可以更改組態。另一方面，如果你建立了一個命名空間，這個命名空間屬於叢集內的範圍，故而每個叢集中都會建立它。而 Secrets、ConfigMaps 和 DaemonSets 的運作方式也雷同，因此也會複製到每個叢集中。但是像 Ingress 之類的資源就和上述物件不同，因為它建立的是一個全球的多重叢集資源、是服務的單一進入點。正如各位從 KubeFed 的運作中所學到的，Kubefed 支援的案例是跨越多重地域、跨越多重雲、同時也跨越全球的 Kubernetes 應用程式部署。

以下是一個叢集聯合的 Deployment 的例子：

```
apiVersion: types.kubefed.io/v1beta1
kind: FederatedDeployment
metadata:
  name: test-deployment
  namespace: test-namespace
spec:
  template:
    metadata:
      labels:
        app: nginx
    spec:
      replicas: 5
      selector:
        matchLabels:
          app: nginx
      template:
        metadata:
          labels:
            app: nginx
        spec:
          containers:
          - image: nginx
            name: nginx
  placement:
    clusters:
    - name: azure
    - name: google
```

本例建立了一個叢集聯合的 Deployment，它部署了五份 NGINX 的 pod 抄本，然後分佈到分別位於 Azure 和 Google 的叢集之中。

設置一組叢集聯合的 Kubernetes 叢集已經超越本書的範疇，但是讀者們可以參閱 KubeFed 的使用者指南（*https://oreil.ly/tWmrY*）以了解詳情。

KubeFed 的開發仍在 alpha 階段，因此請持續關注它的進展，但是請繼續使用你現有的、或是可行的工具，藉以先達到 Kubernetes HA 和多重叢集部署的目的。

管理多重叢集的最佳實務做法

在管理多重 Kubernetes 叢集時，請考慮以下最佳實務做法：

- 限制叢集的破壞半徑，以確保錯誤的遞移散播不會對應用程式造成更大的影響。
- 如果你有 PCI、HIPPA 或 HiTrust 之類的法規考量，請考慮採用多重叢集，以便減輕這些工作負載與一般工作負載混合時帶來的複雜性。
- 如果業務上需要硬性的分租，就應將工作負載部署至專屬的叢集。
- 如果你的應用程式需要分佈到多個地理區域，請利用 Global Load Balancer 來管理叢集之間的流量。
- 各位不妨把高效能運算（HPC）之類的特殊工作負載打散至各自的叢集，以確保這些特殊工作負載的需求都能得到滿足。
- 如果你部署的工作負載會散佈到跨越不同地域的多個資料中心，首先請確保工作負載都有正確的資料抄寫策略。多重叢集要跨越地域並不難，但跨地域的資料抄寫就可能相當複雜，因此請務必確認有一個合理的策略，可以兼顧非同步與同步的工作負載。
- 利用 `prometheus-operator` 或 Elasticsearch operator 之類的 Kubernetes operators 來處理自動化維運任務。
- 在設計多重叢集策略時，請考慮你要如何處理叢集之間的服務搜尋及網路功能。像 HashiCorp 的 Consul 或 Istio 之類的服務網格工具，有助於處理叢集之間的網路運作。
- 確保你的持續交付策略有能力處理不同地域之間、或是多重叢集之間的發行動作。
- 研究如何運用 GitOps 手法來管理多重叢集的運行元件，以確保叢集群中能保持一致性。GitOps 手法並不一定適用於所有人的環境，但你至少應該加以研究，尋求減輕多重叢集環境維運負擔的可能。

總結

在本章中，我們探討了各種不同的多重 Kubernetes 叢集管理策略。重點在於一開始就要思考你的需求、以及這些需求是否與多重叢集的拓樸相匹配。首先要考慮的是你是否真正需要硬性的**分租**，因為只有這時才會自然需要多重叢集策略。如果並不需要，請考慮你的遵循需求、以及是否有充裕的運作容量來吸收多重叢集架構造成的負擔。最後，如果你需要更多小型叢集，請確保一定要為它們的交付和管理進行自動化，才能減輕維運的負擔。

第十三章

整合 Kubernetes 與外部服務

在本書多數章節中，我們探討的都是如何建置、部署和管理 Kubernetes 中的服務。然而，現實生活中的系統並不能憑空獨自存在，而我們建構的大部分服務都會需要與它們所處的 Kubernetes 叢集以外的系統和服務互動。這可能是因為我們建置的新服務必須要讓執行在虛擬主機或實體主機上的舊有基礎設施取用之故。相反地，也可能是因為我們建置的服務需要取用同樣執行在自有資料中心內實體主機上的既有資料庫或其他服務之故。最後，你可能也會擁有多個不同的 Kubernetes 叢集，而其中的服務需要彼此互通。有鑑於此，要能夠公開、分享和建置跨越 Kubernetes 叢集邊界的服務，就成了真實世界中應用程式不可或缺的一部分。

將服務導入至 Kubernetes

最常見的 Kubernetes 與外部服務相連的樣式，就是有一個 Kubernetes 服務，必須用到存在於 Kubernetes 叢集外部的服務。通常這是因為 Kubernetes 常被用來開發新式的應用程式、或是用來和內部資料庫之類的舊有資源互動。這種樣式往往最能徹底發揮雲端原生服務的漸進式開發方式。由於資料庫層面常含有極為關鍵的資料，因此移轉至雲端有一定的難度，遑論將其容器化。但是，若能為此種資料庫提供一個現代化的外覆層（例如一個 GraphQL 介面）、作為新一代應用程式的基礎，仍是極有價值的做法。同理，將這個外覆層移往 Kubernetes 也是極富價值的，因為這種中介軟體的快速開發和可靠的持續部署，能夠確保以最小的風險實現最大的敏捷性。當然了，要達到這個目的，必須要先能讓 Kubernetes 取用外部的資料庫才行。

當我們考慮到要讓 Kubernetes 可以取用外部服務的任務時，首要的棘手之處就是要讓網路功能正常運作。要讓網路功能正常運作的特定細節，其實完全要由資料庫的位置和 Kubernetes 叢集的位置來決定；因此這超出了本書的範圍，但通常雲端服務業者的 Kubernetes 都會允許將叢集部署至使用者自訂虛擬網路（virtual network, VNET）上，而這些虛擬網路就可以和自有的內部網路整合，達到互連的目的。

一旦在 Kubernetes 叢集中的 pods 和內部自有資源之間建立了網路連結，接踵而來的難題就是如何讓外部服務看起來像是一個 Kubernetes 服務。在 Kubernetes 裡，服務搜尋是透過網域名稱系統（Domain Name System, DNS）搜尋進行的，因此若要讓我們的外部資料庫看起來就像 Kubernetes 與生俱來的一部分，就必須要在同一套 DNS 中能找到這個資料庫才行。

使用靜態 IP 位址的無選擇器服務

第一種可以達成的方式，就是利用**無選擇器的**（*selector-less*）Kubernetes 服務。當你建立一個沒有選擇器的 Kubernetes 服務時，亦即沒有任何 Pods 能和服務對應；故而不會進行任何負載平衡。相對地，你可以把這個無選擇器的服務設為帶有特定 IP 位址的外部資源，而這個外部資源正好就是你要在 Kubernetes 叢集內需要取用的。於是當 Kubernetes 的某個 pod 要搜尋 `your-database` 這個資源時，內建的 Kubernetes DNS 伺服器就會將其解譯為外部服務的 IP 位址。以下便是一個外部資料庫使用無選擇器服務的例子：

```
apiVersion: v1
kind: Service
metadata:
  name: my-external-database
spec:
  ports:
  - protocol: TCP
    port: 3306
    targetPort: 3306
```

當服務存在時，就必須更新其端點，讓它使用資料庫 IP 位址 `24.1.2.3`：

```
apiVersion: v1
kind: Endpoints
metadata:
  # 重要！此處必須與 Service 名稱吻合
  name: my-external-database
subsets:
  - addresses:
```

```
      - ip: 24.1.2.3
    ports:
      - port: 3306
```

圖 13-1 描繪了它是如何在 Kubernetes 中達成整合的。

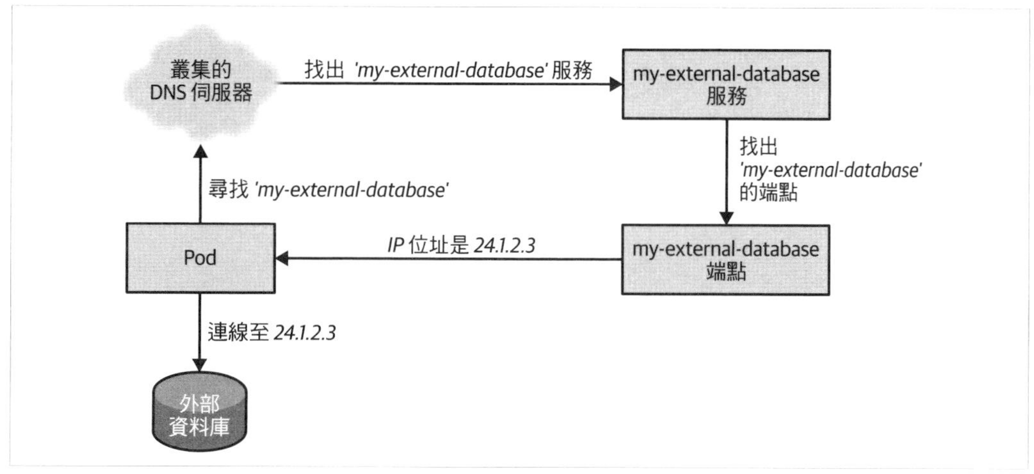

圖 13-1　服務整合

使用靜態 DNS 名稱的 CNAME 形式服務

上例假設了你要整合至 Kubernetes 叢集的外部資源擁有靜態 IP 位址。雖說對於實體的內部自有資源來說確實經常如此，然而有的網路拓樸卻會讓這個事實無法成立，而且在雲端環境中的 IP 位址更不可能經常是固定的，這是因為虛擬機器（virtual machine, VM）的 IP 位址經常在變動之故。此外，服務本身可能會有多份抄本隱身在單一 DNS 式的負載平衡器之後。在這種情況下，你嘗試與叢集橋接的外部服務就不會有固定的 IP 位址，但卻會有一個固定的 DNS 名稱。

這時你就可以定義一個 CNAME 形式的 Kubernetes 服務。如果你對 DNS 紀錄所知有限，CNAME 其實指的就是*別名*（*Canonical Name*），它代表某個特定的 DNS 位址應被轉譯成一個不同的 DNS *別名*。例如說，*foo.com* 的 CNAME 紀錄含有 *bar.com*，這表示任何在查詢 *foo.com* 的人，就該遞移查詢 *bar.com* 來取得正確的 IP 位址。你也可以用 Kubernetes 的服務，在 Kubernetes 的 DNS 伺服器中來定義一個 CNAME 紀錄。例如說，如果有一個外部資料庫，其 DNS 名稱為 *database.myco.com*，你就可以建立一個名為 `myco-database` 的 CNAME 服務。這個 Service 看起來會像這樣：

```
kind: Service
apiVersion: v1
metadata:
  name: myco-database
spec:
  type: ExternalName
  externalName: database.myco.com
```

一旦定義了這樣的服務，任何嘗試 pod 在查詢 myco-database 都會被轉譯為查詢 *database.myco.com*。當然了，這也得要 Kubernetes 的 DNS 伺服器解譯你的外部資源 DNS 名稱才行。如果這個 DNS 名稱全球皆知（例如可以從知名的 DNS 服務供應商查到），就不會有什麼問題。然而，若是外部服務的 DNS 是一個位於公司內部的 DNS 伺服器（例如一台只解譯內部通訊的 DNS 伺服器），那麼 Kubernetes 叢集就可能一開始會無從得知如何解譯對這台公司 DNS 伺服器的查詢。

要讓叢集中的 DNS 伺服器與替代的 DNS 解譯器溝通，就得調整其設定。做法是用一個 DNS 伺服器設定檔去更新 Kubernetes 的 ConfigMap。在本書付梓前，大部分的叢集都已改用 CoreDNS 伺服器。這個版本的設定方式，是把一個 Core file 的組態寫到 kube-system 命名空間中名為 coredns 的 ConfigMap 裡面。如果你仍在使用 kube-dns 伺服器，其設定方式也相仿，只是使用的 ConfigMap 不同而已。

CNAME 紀錄是一種十分有用的方式，它可以把已具有穩定 DNS 名稱的外部服務對映到叢集中可以找到的名稱。這個說法乍看之下似乎違背直覺，怎會把一個已經眾所周知的 DNS 位址轉成一個叢集內部的 DNS 位址？但是若能保持所有服務的外觀一致性，稍微花點工夫修改是值得的。此外，由於 CNAME 服務和其他的 Kubernetes 服務一樣，都是依據每個命名空間定義的，你可以根據不同的 Kubernetes 命名空間，把同一個服務名稱（例如 database）對應到各自的外部服務（例如 canary 或 production）。

主動控制器的手法

有些狀況下，以上兩種在 Kubernetes 內部公開外部服務的方式都不可行。通常這是由於你要在 Kubernetes 叢集內部公開的外部服務，既缺乏固定的 DNS 位址、又沒有單一固定 IP 位址之故。在這種狀況下，想要在 Kubernetes 叢集內部公開外部服務顯然就要複雜得多，但不是做不到。

要做到這一點，你必須要對 Kubernetes 的服務如何運作有點了解。Kubernetes 的服務其實由兩個不同的資源組成：其一是服務（Service）資源，這個大家應該已經很熟悉了，其二則是代表構成服務的 IP 位址的端點（Endpoints）資源。在正常運作時，Kubernetes

控制器的管理程式，會按照服務中的選擇器資訊將服務的端點公開。然而若是你像剛剛的第一種固定 IP 方式一樣建立了無選擇器的服務，服務的端點資源就不會公開，因為沒有 pods 會中選。這時你就必須提出一個控制迴圈，藉以建立和公開正確的端點資源。你必須動態地查詢自己的基礎設施，以便取得你要整合的 Kubernetes 外部服務的 IP 位址，然後將這個服務端點和 IP 位址公開。做到這一點後，Kubernetes 的機制就會接手，正確地設定 DNS 伺服器和 kube-proxy，以便達成通往外部服務的流量負載平衡。圖 13-2 展示的就是現實中這種工作方式的全貌。

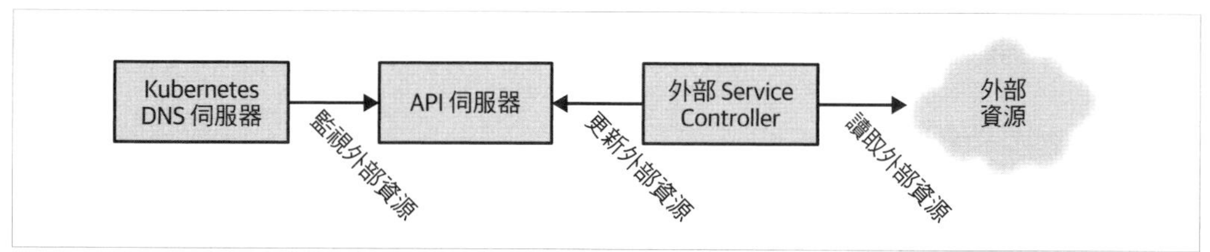

圖 13-2　一個外部服務

將 Kubernetes 內的服務對外公開

在前一小節中，我們探討了如何將既有的服務匯入至 Kubernetes 之中，但你也可能有需要將 Kubernetes 內的服務匯出到既有的環境之中。通常是因為你有一個舊有的內部客戶管理應用程式，需要取用若干在雲端原生基礎設施中開發的新式 API。抑或是你正在建構新型微服務式（microservice-based）的 APIs，但你迫於內部政策或是法規要求，要讓它們和一個既有的傳統網頁應用程式防火牆（web application firewall, WAF）介接。不論理由為何，能從 Kubernetes 叢集將服務對外公開給其他內部應用程式，對很多應用程式來說都是關鍵的設計需求。

公開叢集內部服務之所以棘手，主要原因在於很多 Kubernetes 的安裝方式都是為 pod 選擇無法與叢集外部直接進行路由的 IP 位址。雖說透過 flannel 或是其他網路服務供應商的工具，可以在 Kubernetes 叢集內建立路由，達到 pods 彼此之間的通訊、或是 pods 與節點之間互相通訊的效果，但這種路由方式通常無法延伸到同一網路中的任一主機上。此外，如果是從雲端通往內部自有網路的連接方式，pods 的 IP 位址不一定能透過 VPN 或是網路對等關係公開散佈到內部自有網路當中。因此在傳統應用程式和 Kubernetes 的 pods 之間建立路由，就成為匯出 Kubernetes 內部服務的任務關鍵所在。

利用內部的負載平衡器公開服務

要從 Kubernetes 對外公開，最簡單的方式就是利用內建的 Service 物件。如果你曾經使用過 Kubernetes，應該就會知道如何連接雲端的負載平衡器，以便將外部流量導入給叢集中的一群 pods。然而你可能還不知道，大部分的雲端服務也提供一個**內部的**負載平衡器。這個內部負載平衡器的功能和前者相仿，它會將一個虛擬 IP 位址對映到一群 pods 身上，但這個虛擬的 IP 位址係源自一個內部私有的 IP 定址空間（例如 `10.0.0.0/24`），因此只能在虛擬網路內部進行路由。要啟用內部負載平衡器，就要在你的 Service 負載平衡器裡加上雲端專屬的註記。以微軟的 Azure 為例，你會加上 `service.beta.kubernetes.io/azure-load-balancer-internal: "true"` 這個註記。而在 AWS 上，註記就要改成 `service.beta.kubernetes.io/aws-load-balancer-internal: 0.0.0.0/0`。然後像下例一般將註記放到 Service 資源的 `metadata` 欄位裡：

```
apiVersion: v1
kind: Service
metadata:
  name: my-service
  annotations:
    # 若在其他環境請視現況替換以下字樣
    service.beta.kubernetes.io/azure-load-balancer-internal: "true"
...
```

當你透過內部負載平衡器公開服務時，會收到一個固定的 IP 位址，而且是可以和叢集以外的虛擬網路進行路由的。然後就可以直接引用這個 IP 位址、或是設置內部 DNS 解譯，以便可以尋找這個公開的服務。

以 NodePorts 匯出服務

但可惜的是，在一般的內部自有安裝方式下，是沒有雲端供應商的內部負載平衡器可以借用的。在這種背景下，利用 NodePort 形式的服務會是個好辦法。一個 NodePort 類型的服務，會替叢集中的每一個節點匯出一個 listener，然後將流量從節點的 IP 位址和選定的通訊埠轉送至你定義的 Service，如圖 13-3 所示。

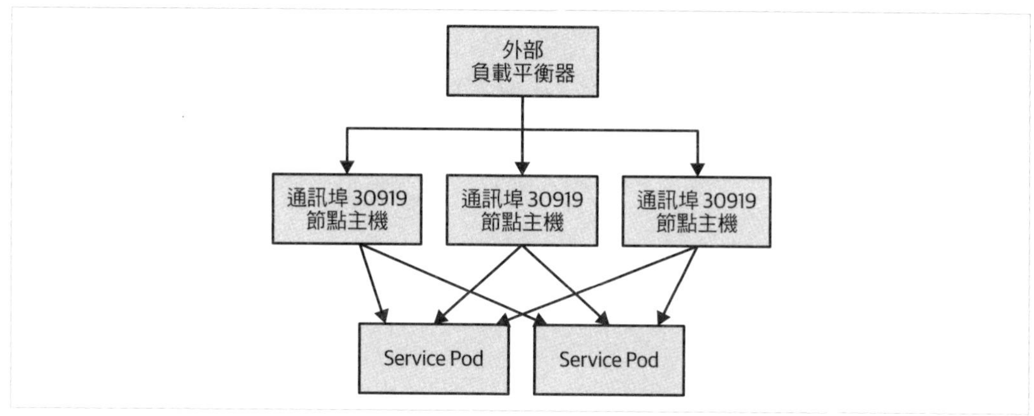

圖 13-3　一個 NodePort 形式的服務

以下是一個 NodePort 服務的 YAML 檔案範例：

```
apiVersion: v1
kind: Service
metadata:
  name: my-node-port-service
spec:
  type: NodePort
...
```

一旦建立了 NodePort 類型的 Service，Kubernetes 就會自動為該服務選出一個通訊埠；只須檢視 `spec.ports[*].nodePort` 欄位，就可以得知該 Service 分配到的通訊埠號。如果你想自行指派通訊埠，只需在建立服務時加以定義即可，但是 NodePort 必須落在叢集定義好的範圍內。預設的範圍是 `30000` 和 `30999` 之間。

一旦你在通訊埠上公開了服務，Kubernetes 部分的任務就已完成。要把服務公開給叢集外既有的應用程式，你（或是網路管理員）必須把服務設成可以被人找到。依照你設定應用程式的方式，可以為應用程式提供一個成對 `${node}:${port}` 的清單，然後讓應用程式執行用戶端的負載平衡。抑或是在你的網路中設置一個實體或虛擬的負載平衡器，以便把流量從虛擬 IP 位址導向這個 `${node}:${port}` 後端的清單。這種設定的特定細節會因你的環境而有所不同。

整合外部主機和 Kubernetes

若是以上方式皆不可行——或許是因為你想做更緊密的整合以便達到動態的服務搜尋功能——要把 Kubernetes 服務公開給外部應用程式，最後的選擇就只剩下把應用程式運行主機直接整合進入 Kubernetes 叢集的服務搜尋和網路機制一途。這種作法顯然要比先前兩種手法更富侵略性、也更為複雜，而你應該只有在應用程式有需要時才這樣做（應該很罕見）。在某些受管控的 Kubernetes 環境中，甚至不可能選擇這種方式。

當你為了網路功能將外部主機與叢集整合時，必須確保 pod 的網路路由、還有以 DNS 為基礎的服務搜尋功能，都能正常運作。最簡單的方式就是在你要整合進叢集的主機上直接運行 kubelet，但是把叢集的調度功能關閉。如何讓 kubelet 節點加入叢集不在本書範圍之內，但坊間有大量的書籍或線上資源會說明如何進行。一旦節點加入，你就必須立即用 `kubectl cordon ...` 指令將其標示為不得納入調度，以免有任何工作被調度到上面運行。這種攔阻方式不會妨礙 DaemonSets 將 pods 進駐該節點，因此 KubeProxy 和網路路由專用的 pods 仍可進駐到這部主機，讓該主機上運行的任一應用程式都可以找到 Kubernetes 內的服務。

以上作法對節點的入侵性相當強，因為它需要安裝 Docker 或若干其他的容器執行期間。這樣一來，很多環境就無法允許類似的安裝動作。另一種影響幅度比較小、但卻較為複雜的作法，就是只在外部主機上運行一個 `kube-proxy` 程序，然後調整該主機的 DNS 伺服器設定。假設你可以正確地設置 pod 的路由，那麼執行 `kube-proxy` 就可以建立一個主機層級的網路功能，把 Kubernetes 的 Service 虛擬 IP 位址對映到構成 Service 的 pods 上。如果你也把外部主機的 DNS 指向了 Kubernetes 叢集的 DNS 伺服器，就可以在這台不屬於 Kubernetes 叢集的主機上有效地啟用 Kubernetes 的搜尋功能。

這些做法都十分先進，也有一定的複雜度，請不要輕易嘗試。如果你正在考慮整合上述程度的服務搜尋功能，請評估一下，若是把你想連接至叢集的服務直接轉到叢集當中，是否會比較容易一點。

在 Kubernetes 之間分享服務

先前幾個小節已經說明了如何將 Kubernetes 的應用程式連接至外部服務，也介紹了如何將外部服務連接到 Kubernetes 應用程式，但還有一個重要的應用案例，就是如何在 Kubernetes 叢集之間串連各自的服務。如此一來就能達成不同地域的 Kubernetes 叢集之間橫向（East-West）的容錯轉移，或是把不同團隊運行的服務串接起來。要做到這般的互動，過程其實就是把前幾個小節所敘述的設計結合起來。

首先，你必須把第一個 Kubernetes 叢集中的 Service 公開出來，讓網路流量可以活動。假設你是在雲端環境中運作，那麼就有內部負載平衡器可供運用，亦即你會收到一個虛擬 IP 位址，供 *10.1.10.1* 這個內部負載平衡器使用。接著你需要把這個虛擬 IP 位址整合到第二個 Kubernetes 叢集當中，以便啟用服務搜尋功能。這時的做法其實就是跟第一小節中把外部應用程式匯入到 Kubernetes 內是一樣的。你會建立一個無選擇器的 Service，然後把服務的 IP 位址指向 *10.1.10.1*。這兩個步驟就足以替兩個 Kubernetes 叢集的服務之間整合連線和服務搜尋功能。

這些步驟都是手動進行的，雖說對於少量的固定組別服務來說可行，但若是你想更緊密地整合叢集之間的服務、或是企圖將整合動作自動化，那麼撰寫一個叢集的 daemon、然後在兩個叢集同時執行這個 daemon 來進行整合，才是合理的做法。這個 daemon 會盯著第一個叢集中帶有特定註記的 Services，像是 `myco.com/exported-service` 之類；所有帶有這個註記的 Services 都會透過無選擇器的服務匯入到第二個叢集。同理，這個 daemon 也會回收並清除任何曾經匯出到第二個叢集、但當下已經不存在於第一個叢集中的服務。如果你在每個不同地理區域的叢集上都設置這樣的 daemons，就能讓環境中所有的叢集達到動態的橫向連結。

第三方工具

到目前為止，本章描述了各式各樣的方式，可以匯入、匯出、或是連接跨越 Kubernetes 叢集之間的服務，以及外部資源。如果你有前述的服務網格技術經驗，對這些概念應當不陌生。實際上坊間確實已經有很多款第三方工具和專案，可以用來串接 Kubernetes 的服務、甚至是任意的應用程式和主機。通常這些工具都具備豐富的功能，但它們的運作顯然也要比稍早介紹的作法更為複雜。然而，如果你發覺自己要建構的網路互連功能越趨複雜，就該研究一下服務網格的相關技術，這類技術的發展日新月異。幾乎所有類似的第三方工具都含有開放原始碼元件，但也提供了商用支援，可以有效地減輕運行額外基礎設施帶來的維運負擔。

叢集與外部服務連接的最佳實務做法

- 要在叢集和自有內部環境間建立網路連線。不同的站點、雲端和叢集組態的網路功能彼此互異，但首先應該確認 pods 可以和自有的內部主機互通，反之亦然。
- 要取用叢集以外的服務，可以利用無選擇器的服務、然後直接將你要溝通的外部主機（例如資料庫）的 IP 位址寫入。若是缺乏固定 IP 位址，可以改用 CNAME 服務來替 DNS 名稱轉址。如果 DNS 名稱或固定服務皆從缺，就必須撰寫一個動態的 operator，以便定期地讓外部服務 IP 位址和 Kubernetes 的 Service 端點達到同步。
- 要從 Kubernetes 匯出服務，請利用內部負載平衡器或是 NodePort 服務。若是在公有雲環境中的 Kubernetes 服務，通常會帶有內部負載平衡器，會比較容易引用。若是無從引用時，就必須改用 NodePort 服務，把叢集中所有節點上的服務都公佈出來。
- 各位可以組合以上兩種手法，達到 Kubernetes 之間服務互連的效果，先對外公開一個服務，再於另一個 Kubernetes 叢集中以無選擇器服務的方式加以引用。

總結

在真實世界中，不是所有的應用程式都是雲端原生的。在現實生活中建構應用程式，總免不了會有要把新型應用程式和既有系統串接起來的時候。本章的內容就說明了如何將 Kubernetes 和舊有的應用程式整合，同時也說明了如何把跨越多重不同 Kubernetes 叢集運作的各種服務整合在一起。除非你有幸建構全新的應用程式架構，否則任何雲端原生的開發都免不了要和舊有環境整合。本章所述技術可以有效地幫你達到上述目的。

第十四章

在 Kubernetes 上執行機器學習

微服務、分散式系統、以及雲端時代的來臨，為機器學習（machine learning）模型和工具的普及打造了最完美的環境條件。大規模的基礎設施現在已經商品化，而機器學習周邊系統的相關工具也已日趨成熟。巧合的是，由於 Kubernetes 造就了機器學習工作流程和開發週期的完美環境，使它也在資料科學家和廣大開放原始碼社群之間日漸成為受到歡迎的平台之一。在這一章裡，我們要來談談何以 Kubernetes 是機器學習的最佳環境，同時也為叢集管理員及資料科學家提供最佳實務建議，如何讓 Kubernetes 在運行機器學習工作負載時能發揮最大效用。我們會專注在深度學習（deep learning）、而非傳統的機器學習上，因為深度學習已經迅速成為 Kubernetes 這類平台上的創新領域。

為何 Kubernetes 非常適於機器學習？

Kubernetes 正迅速成為深度學習快速創新的溫床。像 TensorFlow 之類工具和程式庫的結合，讓更多資料科學家都能輕易取得此項技術。是什麼因素讓 Kubernetes 成為如此適於運行機器學習工作負載的平台？且讓我們來看看 Kubernetes 的幾種特質：

隨手可得

Kubernetes 隨手可得。所有主流的公有雲都支援它，也有私有雲與基礎設施專用的版本。在 Kubernetes 這樣的平台上建立周邊系統工具，使用者就可以在任何地方運行自己的深度學習工作負載。

可以擴充

深度學習工作流程通常需要取得大量的運算能力，以便有效地訓練機器學習模型。Kubernetes 天生就帶有自動調節（autoscaling）的能力，資料科學家可以藉著這個功能輕鬆地獲取和微調訓練模型所需的運算規模。

可以延伸

要有效地訓練機器學習模型，通常需要用到專門的硬體。Kubernetes 允許叢集管理員迅速輕鬆地對調度程序公開新型硬體，而無須動到 Kubernetes 的原始碼。它也允許將自訂資源和控制器緊密地整合至 Kubernetes 的 API 當中，以便支援專門的工作流程，像是 hyperparameter tuning 之類。

自助式

資料科學家可以利用 Kubernetes，視需求進行自助式的機器學習工作流程，而無須對 Kubernetes 本身有任何專門知識。

可以轉移

只要工具是以 Kubernetes 的 API 為基礎，機器學習模型可以在任何地方運作。因此機器學習的工作負載就可以轉移到任何一個 Kubernetes 供應商的環境中運作。

機器學習的工作流程

要有效地理解深度學習的需要，必須先對其工作流程有所認識。圖 14-1 便展示了一個簡化的機器學習工作流程。

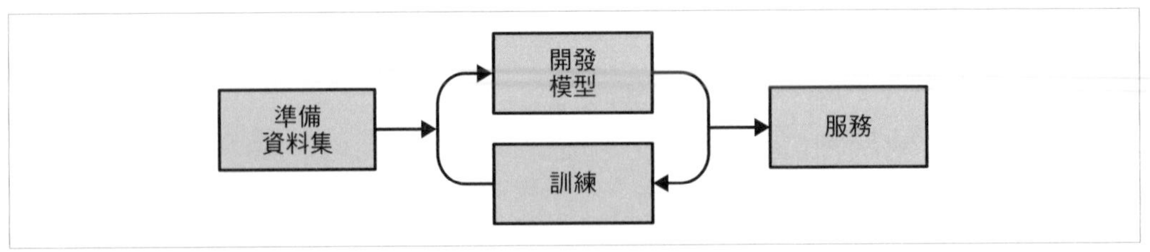

圖 14-1　機器學習的開發工作流程

圖 14-1 說明了機器學習開發的工作流程分成以下階段：

準備資料集

這個階段包括了要對訓練模型所需資料集進行儲存、索引、分類以及中介資料編製等動作。本書的範圍只會從儲存的角度做考量。資料集的規模不一，從數百個 megabytes、到數百個 terabytes 都有。模型一定要有可供訓練的資料集，才能進行訓練。你必須考量那些具備適當屬性以滿足需求的儲存方式。通常必須是大型的區塊和物件式儲存，而且是可以讓 Kubernetes 的原生儲存抽象層或 Kubernetes 直接取用的 API 去操作的。

開發機器學習的演算法

這是資料科學家撰寫、分享及協作機器學習演算法的階段。像 JupyterHub 之類的開放原始碼工具可以輕易地裝在 Kubernetes 上，因為其運作通常與其他工作負載並無兩樣。

訓練

在這段過程中，模型會利用資料集學習如何進行我們為其設計的任務。訓練的成果通常會是一個訓練模型狀態的檢查點。訓練過程會同時用到 Kubernetes 的所有功能。包括調度、取用專屬硬體、資料集所在卷冊的管理、規模的調節、以及網路連結功能等等，都會同時執行，藉此完成任務。我們會在下一小節裡繼續探討更多關於訓練階段的細節。

服務

在這個階段，我們會把訓練完畢的模型公開，讓用戶的服務請求可以取用它，讓它根據用戶提供的資料進行預測。例如說，如果你有一個受訓過的影像識別模型，能夠分辨貓狗，用戶可能就會送出一張狗狗的照片，然後你的模型就應該要能判斷這是狗或貓，而且要達成一定的精確性。

Kubernetes 叢集管理員應當理解的機器學習

在這一小節裡我們要探討一下，在你的 Kubernetes 叢集上運行機器學習的工作負載前，應當考慮的主題。本節是專為叢集管理員準備的。當你擔任資料科學家團隊的叢集管理員時，最棘手的問題就是如何理解他們的術語。你必須在短期內學會無數的新名詞，但是別擔心，你做得到。我們先來看一下，在準備機器學習工作負載所需的叢集時，有哪些主要的問題領域需要面對。

Kubernetes 上的模型訓練

在 Kubernetes 上訓練機器學習模型，需要用到傳統的 CPU 和繪圖處理器（graphics processing units, GPU）。通常能運用的資源越多，訓練完成的速度就越快。在大部分的狀況下，只要有一台資源充裕的主機就能完成模型的訓練。許多雲端業者都提供了具有多重 GPU 的虛擬機器（VM）類型，因此我們建議大家，在你考慮採用分散式訓練之前，先考慮賦予 VM 四到八個 GPU，從垂直方向調節它的規模。資料科學家在訓練模型前，會使用一種稱為 *hyperparameter tuning* 的技術。Hyperparameter tuning 是一個過程，其中會找出訓練模型所需最佳的 hyperparameters 集合。一個 hyperparameter 其實只是一個在訓練過程開始前便已賦值的參數。這項技術需要以不同組的 hyperparameters 多次執行同樣的訓練作業。

在 Kubernetes 上訓練你的第一個模型

在下例中，各位要以 MNIST 資料集來訓練一個影像分類模型。MNIST 是一個公開的資料集，經常用於影像分類。

為了訓練這個模型，你需要用到 GPU。首先確認你的 Kubernetes 叢集有 GPU 可以配置。以下的輸出顯示，這個 Kubernetes 叢集有四個 GPU 可用：

```
$ kubectl get nodes -o yaml | grep -i nvidia.com/gpu
      nvidia.com/gpu: "1"
      nvidia.com/gpu: "1"
      nvidia.com/gpu: "1"
      nvidia.com/gpu: "1"
```

要展開你的訓練，必須用到 Kubernetes 裡的 `Job` 這個類別（kind），亦即訓練會是一個批次型態的工作負載。你要以單一 GPU 執行訓練步驟 500 次。首先用以下內容建立一個名為 *mnist-demo.yaml* 的項目清單檔案，然後存入檔案系統：

```
apiVersion: batch/v1
kind: Job
metadata:
  labels:
    app: mnist-demo
  name: mnist-demo
spec:
  template:
    metadata:
      labels:
        app: mnist-demo
```

```
    spec:
      containers:
      - name: mnist-demo
        image: lachlanevenson/tf-mnist:gpu
        args: ["--max_steps", "500"]
        imagePullPolicy: IfNotPresent
        resources:
          limits:
           nvidia.com/gpu: 1
      restartPolicy: OnFailure
```

現在到 Kubernetes 叢集中建立這個 jobs 資源：

```
$ kubectl create -f mnist-demo.yaml
job.batch/mnist-demo created
```

現在檢查剛剛建立的作業狀態：

```
$ kubectl get jobs
NAME         COMPLETIONS   DURATION   AGE
mnist-demo   0/1           4s         4s
```

如果觀察一下 pods，應該可以看到訓練作業正在進行：

```
$ kubectl get pods
NAME               READY   STATUS    RESTARTS   AGE
mnist-demo-hv9b2   1/1     Running   0          3s
```

現在檢視 pod 的日誌，可以看到訓練內容：

```
$ kubectl logs mnist-demo-hv9b2
2019-08-06 07:52:21.349999: I tensorflow/core/platform/cpu_feature_guard.cc:137] Your
CPU supports instructions that this TensorFlow binary was not compiled to use: SSE4.1
SSE4.2 AVX AVX2 FMA
2019-08-06 07:52:21.475416: I tensorflow/core/common_runtime/gpu/gpu_device.cc:1030]
Found device 0 with properties:
name: Tesla K80 major: 3 minor: 7 memoryClockRate(GHz): 0.8235
pciBusID: d0c5:00:00.0
totalMemory: 11.92GiB freeMemory: 11.85GiB
2019-08-06 07:52:21.475459: I tensorflow/core/common_runtime/gpu/gpu_device.cc:1120]
Creating TensorFlow device (/device:GPU:0) -> (device: 0, name: Tesla K80, pci bus id:
d0c5:00:00.0, compute capability: 3.7)
2019-08-06 07:52:26.134573: I tensorflow/stream_executor/dso_loader.cc:139] successfully
opened CUDA library libcupti.so.8.0 locally
Successfully downloaded train-images-idx3-ubyte.gz 9912422 bytes.
Extracting /tmp/tensorflow/input_data/train-images-idx3-ubyte.gz
Successfully downloaded train-labels-idx1-ubyte.gz 28881 bytes.
```

```
Extracting /tmp/tensorflow/input_data/train-labels-idx1-ubyte.gz
Successfully downloaded t10k-images-idx3-ubyte.gz 1648877 bytes.
Extracting /tmp/tensorflow/input_data/t10k-images-idx3-ubyte.gz
Successfully downloaded t10k-labels-idx1-ubyte.gz 4542 bytes.
Extracting /tmp/tensorflow/input_data/t10k-labels-idx1-ubyte.gz
Accuracy at step 0: 0.1255
Accuracy at step 10: 0.6986
Accuracy at step 20: 0.8205
Accuracy at step 30: 0.8619
Accuracy at step 40: 0.8812
Accuracy at step 50: 0.892
Accuracy at step 60: 0.8913
Accuracy at step 70: 0.8988
Accuracy at step 80: 0.9002
Accuracy at step 90: 0.9097
Adding run metadata for 99
...
```

最後各位可以從作業狀態看出訓練已經完成：

```
$ kubectl get jobs
NAME          COMPLETIONS   DURATION   AGE
mnist-demo    1/1           27s        112s
```

若要清除訓練作業，只須執行以下指令：

```
$ kubectl delete -f mnist-demo.yaml
job.batch "mnist-demo" deleted
```

恭喜！你剛剛已經在 Kubernetes 上跑完了第一個模型訓練作業。

在 Kubernetes 上進行分散式作業

分散式訓練仍處於起步階段，而且它的最佳化有難處。在具備八顆 GPU 的單一主機上執行一個需要八顆 GPU 的訓練作業，似乎總是比在具備四顆 GPU 的兩套主機上執行要來得快。唯一應該採用分散式訓練的場合，是在最高規格的機器也無法容納得下模型所需規格的時候。如果你很肯定必須執行分散式訓練，重點在於必須理解其架構。圖 14-2 便描繪了分散式的 TensorFlow 架構，你可以從中看出模型和參數的分配方式。

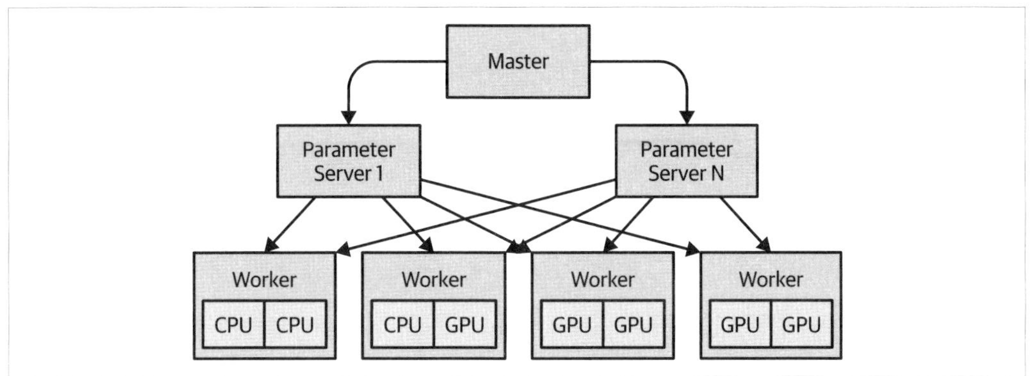

圖 14-2 分散式的 TensorFlow 架構

資源的限制

機器學習的工作負載，會對叢集中所有層面都有特定的組態要求。訓練階段無疑是對資源要求最多的。值得注意的是，我們剛剛也提到過，機器學習演算法的訓練幾乎都是批次形式的工作負載。具體來說，它會有開始和結束的時刻。訓練進行會在何時結束，要看你能多快滿足模型訓練對資源的需求而定。亦即想要較快完成訓練作業，調節規模幾乎總是最有效的方式，但是調節也有自己的瓶頸存在。

專門的硬體

模型的訓練和服務在專門硬體上表現較佳，是不爭的事實。典型的專門硬體案例，就是商品化的 GPU。Kubernetes 允許使用者透過裝置的植入元件取用 GPU，該元件會讓 Kubernetes 的調度器知道 GPU 資源的存在，進而得以調度這類資源。裝置植入元件有自己的框架，可以達成上述的功能，亦即廠商無須動到 Kubernetes 的核心程式碼，就可以實作出特定的裝置。這些裝置植入元件通常都是以 DaemonSets 的形式在各個節點上運行，而這些 DaemonSet 其實就是一組會把特定資源公佈給 Kubernetes API 的程序。我們來觀察一下 NVIDIA 的 Kubernetes 裝置植入元件（*https://oreil.ly/RgKuz*），它讓 Kubernetes 可以取用 NVIDIA 的 GPU。一旦植入元件開始運作，就可以用下列方式建立 pod，Kubernetes 則會確保只有擁有該資源的節點才會供作調度：

```
apiVersion: v1
kind: Pod
metadata:
```

```
    name: gpu-pod
  spec:
    containers:
      - name: digits-container
        image: nvidia/digits:6.0
        resources:
          limits:
            nvidia.com/gpu: 2 # 要求 2 顆 GPU
```

裝置植入元件不只限於 GPU 一種；你可以把任何專用硬體做成植入元件——例如場域可程式化邏輯閘陣列（Field Programmable Gate Arrays, FPGA）或是 InfiniBand 等等。

調度特質

重點是，Kubernetes 無法調度連它自己都一無所知的資源。你也許會注意到訓練時 GPU 並未全載運轉。故而無法達到你想要的運用水準。以上例來說，它只公佈了 GPU 的核心數目，但每個核心可以運行的執行緒數量卻從缺。此外它也不曾公佈 GPU 核心位於哪一個匯流排上，導致需要彼此互相存取、或是取用同一塊記憶體的作業，不一定能被配置在相同的 Kubernetes 節點上。這些都是日後的植入元件要解決的重點，但此時你只會覺得奇怪，何以無法 100% 地運用剛剛取得的強大 GPU ？值得一提的還有，你沒有辦法只要求取得一部分的 GPU 運算能力（例如 0.1），亦即就算有些 GPU 真的支援多重平行執行緒，你也無法利用這項功能。

程式庫、驅動程式和核心模組

要取用專用的硬體，通常需要特別建構的程式庫、驅動程式和核心模組。你需要確認這些玩意都已掛載至容器執行期間，這樣運行在容器中的工具才能用到它們。或許你會自忖「何不把它們就直接放到容器映像檔裡就好？」答案很簡單：工具必須與底層主機的版本相呼應，而且必須針對特定系統正確設置。有些容器執行期間（例如 NVIDIA Docker，*https://oreil.ly/Re0Ef*）會消除主機卷冊必須對應至每個容器的負擔。如果不使用專門建置的容器執行期間，也可以建置一個具備相同功能的入境用 webhook。重要的是，你應該考慮到可能需要有特權等級的容器才能取用部分的專屬硬體，這也會影響到叢集的安全版圖。Kubernetes 的裝置植入元件也許會促成相關的程式庫、驅動程式和核心模組的安裝。很多裝置的植入元件都會一一檢查每一台機器，確保在對 Kubernetes 的調節器公佈 GPU 資源可供調度之前，相關的安裝都已就緒。

儲存

儲存是機器學習工作流程中最重要的一環。之所以必須考量到儲存，是因為它直接影響了機器學習工作流程的以下部分：

- 進行訓練時在工作節點之間的資料集儲存和分配
- 檢查點和儲存模型

訓練時在工作節點間的資料集儲存和分配

進行訓練時，每個工作節點都必須要能檢索資料集。儲存必須是唯讀的，而且通常所使用的磁碟速度越快越好。用作儲存的磁碟類型幾乎完全由資料集的規模決定。數百個 megabytes 或 gigabytes 的資料集適合使用區塊式儲存，但大到數百 terabytes 等級的資料集或許改用物件式儲存較為合適。而且根據資料集所在磁碟的大小和位置，還可能會對網路效能造成嚴重的影響。

檢查點和保存模型

模型接受訓練時會建立檢查點，而保存模型可供隨後服務時參照。這兩個案例都需要把儲存掛載給每一個工作節點，以便儲存資料。資料通常都會存放在單一目錄之下，而每個工作節點都會寫入特定的檢查點、或是儲存檔案。大多數的工具都會希望檢查點和儲存資料位於相同位置，而且訂為 `ReadWriteMany`。`ReadWriteMany` 的意思就是卷冊掛載後要讓多個節點讀寫。使用 Kubernetes 的 PersistentVolumes 時，必須決定哪種儲存平台最符合你的需求。Kubernetes 文件中有一份清單（*https://oreil.ly/aMjGd*），列出了所有支援 `ReadWriteMany` 的卷冊植入元件。

網路功能

機器學習工作流程的訓練階段，會對網路造成極大的影響（尤其是執行分散式訓練的時候）。如果考量 TensorFlow 的分散式架構，會造成大量網路流量的個別階段主要有兩個：首先是每部參數伺服器對每個工作節點的變數分佈（variable distribution），其次是從工作節點返回參數伺服器的 application of gradients（參見圖 14-2）。這個交換所花費的時間長短，會直接影響訓練模型所需的時間。因此這又回到一個越快越好的老戲碼（當然是有緣故的）。今日大多數的公有雲和伺服器都支援 1-Gbps、10-Gbps、有時甚至可達 40-Gbps 的網路介面卡，通常只有在頻寬低落時我們才會去在乎網路頻寬的問題。如果你真的很在乎頻寬，不妨考慮改用 InfiniBand。

雖說原始的網路頻寬已不再總是構成主要限制因素，有些情況下光是要把資料從核心搬到線路上就是個問題。有一些開放原始碼的專案利用了遠端記憶體直接存取（Remote Direct Memory Access, RDMA），可以在不修改工作節點或應用程式代碼的情況下加速網路流量。RDMA 允許網路上的電腦直接交換主記憶體中的資料，而無須仰賴任一方電腦的處理器、快取或作業系統出面協助。你也許可以考慮開放原始碼專案 Freeflow（*https://oreil.ly/3RBNS*），它會大幅度提升容器網路（overlay network）的效能。

專門協定

在 Kubernetes 上運行機器學習時，可以考慮一些專門的協定。這些協定通常都是專屬於某個廠商的，但它們會藉由移除架構中會立即成為瓶頸的部分（例如參數伺服器），嘗試解決分散式訓練時的規模調節問題。這類協定通常允許在多個節點的 GPU 之間直接交換資訊，無須節點的 CPU 和作業系統介入。以下是幾種可以更有效地調節分散式訓練規模的方式，不妨考慮看看：

- 訊息傳遞介面（Message Passing Interface, MPI）是一套標準化的可攜式 API，適於在分散的程序間傳送資料。
- NVIDIA 集合式通訊程式庫（Collective Communications Library, NCCL），是一組能夠偵知拓樸的多 GPU 通訊原始程式庫。

資料科學家的考量

在以上的討論中，我們分享了各種關於如何在你的 Kubernetes 叢集上運行機器學習工作負載的考量。但是資料科學家又該知道些什麼？以下我們介紹一些可以讓資料科學家利用 Kubernetes 進行機器學習的好用工具，就算不是 Kubernetes 專家也可以輕鬆上手。

- Kubeflow（*https://www.kubeflow.org/*）是一套 Kubernetes 專用的機器學習工具組。它是原生的 Kubernetes 工具，附帶數種機器學習工作流程必備的工具。諸如 Jupyter Notebooks、管線（pipelines）、以及 Kubernetes 原生的控制器，都可以讓資料科學家迅速輕鬆地將 Kubernetes 打造為最有效的機器學習平台。
- Polyaxon（*https://polyaxon.com/*）是一種可以管理機器學習工作流程的工具，支援多款廣受歡迎的程式庫，可以在任何 Kubernetes 叢集上執行。Polyaxon 同時提供商用與開放原始碼兩種版本。

- Pachyderm（*https://www.pachyderm.io/*）是一套企業級的資料科學平台，它具備豐富的工具，可以執行資料集的準備、生涯週期、以及版本控制，也有能力建置機器學習的管線。Pachyderm 有一套可以部署在任何 Kubernetes 叢集上的商用版本。

Kubernetes 上的機器學習最佳實務做法

要讓機器學習的工作負載臻至最佳效能，請考慮以下的最佳實務做法：

- 明智地進行調度和自動調節。基於機器學習工作流程中大部分階段都是批次作業的特性，我們建議使用叢集自動調節器（Cluster Autoscaler）。具備 GPU 的硬體所費不貲，你當然不希望在它沒有運行時還要付費。我們建議，利用 taints 和 tolerations、或是特定時段的 Cluster Autoscaler，在特定時間以批次作業運行。這樣一來，叢集就可以在機器學習工作負載有需要時調節規模，時機不早也不晚。至於 taints 和 tolerations，上游的慣例是以延伸的資源為鍵值，把節點 taint 起來。例如說，一個具有 NVIDIA GPU 的節點應該要 taint 成這樣：`Key: nvidia.com/gpu, Effect: NoSchedule`。這種方式你還可以利用 `ExtendedResourceToleration` 這個 admission 控制器，針對先前曾要求延伸資源而被 taint 過的 pods，透過此控制器為它們自動加上適合的 tolerations，這樣使用者就不用自行手動添加。

- 模型訓練的本質是一種細膩的平衡。允許某些事物在一個區域加速移動、通常就會對其他領域造成瓶頸。它需要經常的觀察與調校。我們建議大家讓 GPU 成為瓶頸，因為這是最貴的資源。讓 GPU 保持飽和。準備好隨時找出瓶頸，並設置監控以便追蹤 GPU、CPU、網路和儲存的使用率。

- 混合工作負載的叢集。用於運行日常業務服務的叢集，也一樣可以用來執行機器學習。有鑑於機器學習工作負載的高效能需求，我們建議用個別 taint 過的節點池，專門運行機器學習的工作負載。這樣也有助於保護機器學習工作負載所在專屬節點池以外的叢集部分不受影響。還有，你應該考慮啟用多個具備 GPU 的節點池，每一個都有不同的效能特性，以便配合工作負載的類型使用。我們也建議在機器學習所在的節點池啟用節點規模自動調整。只有當你已經充分了解機器學習的工作負載會對叢集效能造成何等影響後，才考慮啟用混合模式叢集。

- 以分散式訓練達到線性化調節。這是分散式模型訓練的最高境界。不幸的是大多數程式庫在分散以後都無法達到線性化調節的效果。要改善調節效果，有很多事情必須先做到，重點在於先了解成本，因為這不是只靠投入大量硬體就可以解決那樣簡單。根據經驗，瓶頸的根源幾乎都是模型本身、而不是支援它的基礎設施。但是你一定要先監控 GPU、CPU、網路和儲存的使用率，然後才能把問題轉向模型本身。像 Horovod 這樣的開放原始碼工具（*https://github.com/horovod/horovod*）就會嘗試改進分散式訓練框架、並達成較好的模型調節效果。

總結

我們在本章中已經涵蓋了許多基本知識，希望這些已經足夠讓大家理解，為何 Kubernetes 能擔任機器學習（特別是深度學習）的有效平台，此外也提出了各種在你首次部署機器學習工作負載前應有的考量。如果你按照本章所述行事，應該就有能力為這些專門的工作負載建置和維護 Kubernetes 叢集了。

第十五章

在 Kubernetes 上建構高階應用程式的樣式

在 Kubernetes 上的樣式

Kubernetes 是一套複雜的系統。雖說它已經簡化了分散式系統的開發和運作，但對於如何簡化這類系統的開發卻鮮少著墨。事實上，當它為開發人員添加互動的新觀念和工具時，同時反而增加了精簡運作服務的額外複雜性。因此在許多環境中，開發一個高階抽象層，藉以在 Kubernetes 上層提供一個對開發人員友善的原生定義層（primitives），才是合理的做法。此外，在許多大型企業裡，將應用程式的設定和部署標準化，讓眾人得以遵循一致的維運最佳實務作法，才是合理的。要做到這一點，可以先開發一組高階的抽象層，讓開發人員自動遵循相關的原則。然而，這樣的抽象層往往會讓開發人員無從得知重要的細節，可能形成封閉的平台，讓特定應用程式的開發或是與現有解決方案之間的整合受到侷限、甚至變得更複雜。綜觀雲端上的開發過程，在基礎設施的彈性和平台威力之間，始終是一個拉鋸的場面。設計合適的高階抽象層，可以讓我們在兩者之間找出一條理想的途徑。

開發高階抽象層的手法

在思考如何在 Kubernetes 之上開發一個高階的原生定義層時，基本手法有兩種。第一種是把 Kubernetes 包裝成一組實作的細節。使用這種手法，就算使用平台的開發人員對他們正在使用的 Kubernetes 幾乎一無所知，也沒有影響；相對地，他們只需知道自己是在使用你提供的平台即可，因此 Kubernetes 只是一連串的實作細節而已。

第二種手法則是利用 Kubernetes 本身內建的擴展能力。Kubernetes 伺服器的 API 非常富於彈性，你可以動態地為 Kubernetes 的 API 本身添加任何新資源。使用這種手法，你的高階資源會與內建的 Kubernetes 物件並存，而使用者只需利用內建的工具，就能與所有的 Kubernetes 資源互動，包括內建的和擴充而來的。此種擴充模型所塑造的環境，開發人員面對的核心仍是 Kubernetes，只不過複雜度較低、用起來也較簡單。

這兩種手法何者才是合適的？其實要看你建置抽象層的目標而定。如果你要建構完全隔離的整合環境，而且很肯定其中的使用者無須「翻牆逃逸」，而且使用的簡易性是最重要的考量時，第一個手法就是合適的。這種情況的最佳案例就是建置機器學習管道。機器學習的相關領域，外界已有相當的了解。但是身為使用者的資料科學家很可能不熟 Kubernetes。讓資料科學家迅速完成工作和專注在他們的專業領域、而無須費心理解分散式系統，才是主要的目標。這時在 Kubernetes 之上建置一個完整的抽象層才是最合理的作法。

另一方面，在定義高階的開發抽象層時——例如部署 Java 應用程式的簡易方式——如果採用延伸 Kubernetes 的方式、而不是嘗試將它包裝起來，效果會好得多。原因有一體兩面。首先，應用程式開發領域實在太過廣袤。你很難掌握開發人員的所有需求和運用案例，更別說應用程式本身和業務還不斷地推陳出新。另一方面，你還需要確認可以持續運用 Kubernetes 周邊系統的工具。外界有數不清的雲端原生工具，可以用來監看、持續交付等等。設法延伸 Kubernetes 的 API、而不是以它種方式將其取代，可以保障這類工具的使用存續，新型的同類工具也可以銜接。

延伸 Kubernetes

由於你可能要在 Kubernetes 上建構的每一層都有其獨特性，如果要試著描述如何建構這些層面，遠遠超出本書範疇。但是延伸 Kubernetes 的工具和技術，則是對任何可能建置在 Kubernetes 之上的架構都通用，因此我們會專注介紹這種方式。

延伸 Kubernetes 叢集

如何延伸 Kubernetes 叢集本身就是一大主題，若要完整介紹，最好參閱其他書籍，像是 *Managing Kubernetes*（*https://oreil.ly/6kUUX*）和 *Kubernetes*：**建置與執行**（*https://oreil.ly/fdRA3*）。本節不欲詳述此類內容細節，而是集中在讓大家理解，如何利用 Kubernetes 的延伸性。

延伸 Kubernetes 叢集涉及對於 Kubernetes 中資源接觸點的理解。相關的技術解決方案有三。首先是**邊車**（*sidecar*）。邊車容器（如圖 15-1 所示）在服務網格的情境下已十分普及。它們其實是一系列與主要應用程式的容器同時運行的容器，其作用在於提供與應用程式分離的額外功能，而且通常由不同的團隊維護。以服務網格為例，一個邊車可以為容器化應用程式提供無形的交互傳輸層安全性（mutual Transport Layer Security, mTLS）認證。

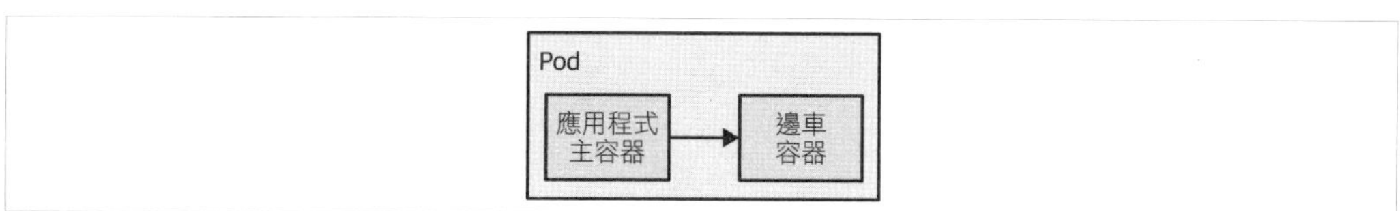

圖 15-1　邊車的設計

你可以利用邊車為自訂應用程式增加功能。

當然了，這些作為都是為了要讓開發人員能輕鬆一點，但如果我們需要他們學習並理解如何使用邊車，只會讓事態惡化。幸好還有其他延伸 Kubernetes 的工具，可以讓事情簡單一點。尤其是 Kubernetes 還提供所謂的**入境**（*admission*）**控制器**。入境控制器其實是一個攔截工具，它搶在 Kubernetes 的 API 請求被寫入（或者說是「許可進入（admitted）」）到叢集後端之前，先讀取它們。你可以利用這些入境控制器去驗證或修改 API 物件。在邊車的背景裡，可以藉入境控制器自動替叢集中所有建置的 pods 添加邊車，這樣一來開發人員就無須對邊車有所理解才能享受其優點。圖 15-2 說明了入境控制器如何與 Kubernetes 的 API 互動。

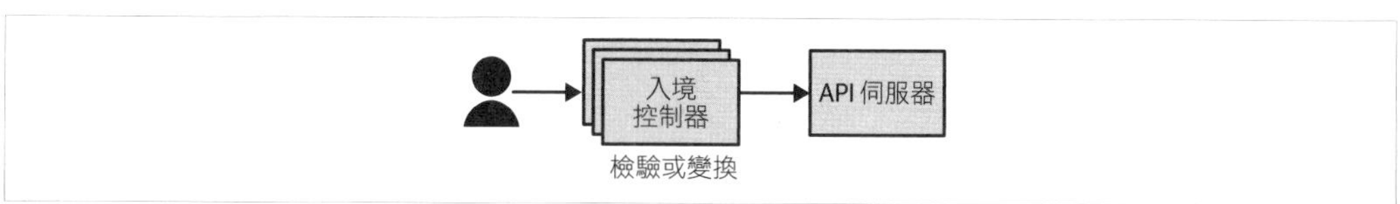

圖 15-2　入境控制器

對於入境控制器的用途並不只限於添加邊車而已。你也可以用它們來驗證開發人員提交給 Kubernetes 的物件。例如說，你可以為 Kubernetes 實作一個 *linter*，確保開發人員提交的 pods 及其他資源，都須遵守運用 Kubernetes 的最佳實務做法。開發人員常犯的一項錯誤就是未曾替應用程式保留資源。這種情況下，以入境控制器構成的 linter 就可以攔截此種請求，然後予以拒絕。當然了，你應該留下一個逃生門（例如一個特殊的註記），這樣一來高階的使用者就可以在必要時選擇避開這個 lint 規範。本章後面會探討逃生門的重要性。

截至目前為止，我們只談到了可以輔助現有應用程式、以及確保開發人員會遵循最佳實務做法的方式——卻未嘗真正提及如何加入這種高階的抽象層。這時就是自訂資源定義（custom resource definitions, CRD）登場的時刻。CRD 是一種可以替既有的 Kubernetes 叢集動態添加新資源的方式。例如說，你可以透過 CRD 為 Kubernetes 叢集添加一個新的 ReplicatedService 資源。當開發人員建立一個 ReplicatedService 的實例時，就會轉向 Kubernetes 並建立相關的 Deployment 和 Service 等資源。因此 ReplicatedService 就相當於一個便於開發人員引用的抽象層常見樣式。CRD 通常以控制迴圈實作，並部署至叢集本身，藉此管理該種新型資源。

延伸 Kubernetes 的使用者體驗

為叢集添加新資源，是提供新功能的絕佳方式，但要真正地運用它們，最好是同時延伸 Kubernetes 的使用者體驗（UX）比較好。根據預設，Kubernetes 的工具並不知道自訂資源和其他延伸功能的存在，因此只會以十分普通的方式處理它們，而不會以特別友善的方式呈現它們。延伸 Kuberentes 的指令列功能，可以改進使用者體驗。

一般來說，用來存取 Kubernetes 的工具，均以指令列工具 `kubectl` 為主。還好這個工具在建置時也提供了可延伸性。`kubectl` 的植入元件同樣是二進位檔，命名方式會像 `kubectl-foo` 這樣，而 `foo` 就是植入元件的名稱。當你在指令列輸入 `kubectl foo ...` 這樣的指令時，它會轉向呼叫植入元件的二進位程式檔。利用 `kubectl` 的植入元件，各位就能定義出新的使用者體驗，而且這種體驗背後蘊藏的，是對於你添加至叢集新資源的充份理解。你可以隨意添加任何一種合適的體驗，同時也利用了人們對 `kubectl` 工具的熟悉程度。這是最有價值的部分，因為這代表你無須訓練開發人員如何使用新工具。同理，當開發人員逐漸累積對於 Kubernetes 的知識，你就可以慢慢地引進 Kubernetes 的原生概念。

建構平台時的設計考量

坊間有數不清的平台，都是建置要用來促進開發人員的生產力。若有機會觀察這些平台的長處和短處，就可以定義出一套通用的樣式和注意事項，以便從他人的經驗中學習。若能遵循這些設計指南，會有助於確保你設計出成功的平台，而不是一個人人到頭來避之惟恐不及的「遺留」死角。

匯出為容器映像檔的支援

在建構平台時，很多設計都會讓使用者只需提供原始碼（例如以函式即服務 [FaaS] 的形式提供的函式）或是原生套件（例如 Java 的 JAR 檔案），而不是完整的容器映像檔，藉此來簡化使用。這種手法極富吸引力的緣故，在於它可以讓使用者待在自己熟悉的工具和開發體驗圈裡。由平台來為他們處理應用程式的容器化。

然而當開發人員遇上你設下的開發環境限制時，這種手法的問題就會浮現出來。也許是因為他們需要特定版本的程式語言執行期間（runtime）才能解決的臭蟲。抑或是他們也許需要封裝一些你在建構應用程式自動容器化時，未嘗納入的額外資源或可執行檔。

無論緣故為何，開發人員遇到這種狀況時總是很不愉快，因為他們突然就得面對大量如何封裝應用程式的必要知識，而他們的原意可能只是要略微延伸應用程式，以便修復問題或提交新功能而已。

然而事況不必一定如此。如果你可以把你平台中的程式開發環境匯出成一個通用的容器，使用平台的開發人員就不需從頭開始、還要學習關於容器的一切知識。相反地，他們會擁有一個完整可用的容器映像檔，完全呈現他們現有的應用程式（例如含有他們的函式和節點執行期間的容器映像檔）。以此為始，他們可以自行做一些小規模的調整，好讓容器適應他們的需求。這種漸進式的降階和學習方式，可以非常有效地改善從高階平台進入低階基礎設施的路徑難度，進而提升平台的通用性，因為這時開發人員不會面臨龐大的學習障礙。

支援既有的服務和服務搜尋機制

另一種在平台中常見的狀況，就是它們會涉及其他系統、或需要與其他系統互連。很多開發人員可能對你的平台十分滿意、而且在其中的生產力也非常好，但是任何現實中的應用程式都會跨越你建置的平台和低階的 Kubernetes 應用程式，甚至還會牽涉到**其他的**平台。連結舊有資料庫或是為 Kubernetes 建置的開放原始碼應用程式，永遠都會是大型應用程式必須面對的一部分內容。

基於這樣的相互連結需求，最重要的是要讓你建置的平台使用核心 Kubernetes 原生的服務和服務搜尋功能。不要為了改進平台體驗而去嘗試重新發明一些內容，因為這樣做只會塑造出一個無法與外部世界互動的封閉平台。

如果你把定義在自己平台中的應用程式公開成為 Kubernetes 服務，則叢集中的任何應用程式都可以使用你的應用程式，無論他們是否運行在你的高階平台上。同理，如果你使用 Kubernetes 的 DNS 伺服器來搜尋服務，就可以從你的高階應用程式平台連接到叢集中的其他應用程式，即使它們並非定義在你的高階平台上。建置較佳或是較易使用的內容也許很吸引人，但不同平台之間的互連性，才是一個長壽的複雜應用程式應有的通行設計樣式。如果你執意要建出一個封閉平台，遲早會悔之不及。

建構應用程式平台的最佳實務做法

Kubernetes 雖然提供了運作軟體的強大工具，對於協助開發人員建置應用程式卻著墨甚微。因此我們常需在 Kubernetes 上建置一個平台，以協助開發人員提升生產力、或是簡化 Kubernetes。在建構這類平台時，如能遵循以下最佳實務做法，會有很多好處：

- 利用入境控制器去限制和修改對叢集的 API 呼叫。一個入境控制器可以驗證（或拒絕無效的）Kubernetes 資源。一個專司變換的入境控制器可以自動修改 API 資源，以便添加新的邊車、或其他使用者可能根本一無所知的變更。
- 利用 `kubectl` 的植入元件，為熟悉的指令列工具添加新功能，藉以延伸 Kubernetes 的使用體驗。只有在很罕見的情況下才會需要建置特殊用途的工具。
- 在 Kubernetes 之上建置平台時，請審慎地考慮平台的使用者、以及他們的需求會如何演變。讓事情儘量簡單和易於使用當然是你該有的目標，但要是此舉會導致使用者受限、而且只有在你的平台以外重寫所有內容才能解決問題時，終究會導致一場令人沮喪（而且失敗）的體驗。

總結

Kubernetes 是一個可以簡化軟體開發和運作的絕佳工具，可惜的是，對於開發人員和正式環境來說，它並不總是那麼平易近人。有鑑於此，在 Kubernetes 之上建構高階的平台、以便讓一般的開發人員也能容易入門和使用，就成了常見的任務。本章說明了若干設計這種高階系統的手法，同時也摘述了 Kubernetes 中既有的核心延伸性基礎架構。同時根據對於其他建構在 Kubernetes 之上的平台的觀察，提出我們體會到的教訓和設計原則，希望它們可以引導你設計出自己的平台。

第十六章

管理狀態和有狀態的應用程式

早期在協調容器時，面對的工作負載通常都是無狀態的應用程式，必要時會以外部系統來儲存狀態。原本的思維源於容器本質就是非常短暫的，而要協調出能以一致的方式保存狀態的後端儲存，是很難達成的。到了現在，容器化工作負載要能保存狀態，已成為常見的需求，而且在特定案例中的效能甚至會更好。Kubernetes 經過多次演進，不僅可以將儲存用卷冊掛載至 pod 當中，而這些由 Kubernetes 直接管理的卷冊，在協調工作負載和其所需的儲存時，更是重要的元件。

如果光是將外部卷冊掛載至容器這種功能就已足夠的話，那麼坊間大規模運行在 Kubernetes 上的有狀態應用程式範例必當不僅此數而已。實況是，卷冊掛載還只是有狀態應用程式的龐大版圖中比較簡單的元件。大部分需要在節點故障後還能保持狀態的應用程式，都屬於較為複雜的資料狀態引擎，像是關聯式資料庫、分散式的鍵 / 值儲存、以及複雜的文件管理系統等等。這種等級的應用程式，需要進行更多的協調，包括在叢集應用程式成員之間進行通訊時、在識別成員時、以及在系統中成員出場或退場的順序上，皆是如此。

本章將專注在管理狀態的最佳實務做法，從檔案儲存至網路共享磁碟這種簡單的樣式開始，到 MongoDB、mySQL 或 Kafka 之類的複雜資料管理系統等等。此外還有一小節專門介紹 Operators 這個專供複雜系統使用的新樣式，它不僅構成了 Kubernetes 的原始元件，也允許以自訂控制器的形式添加業務或應用程式的邏輯，有助於簡化複雜資料管理系統的運作。

卷冊和卷冊的掛載

凡是需要有辦法保持狀態的工作負載，並非每一種都是複雜的資料庫、或是高吞吐量的資料佇列服務。通常需要改為容器化工作負載的應用程式，都需要有特定的目錄，可供讀寫永久性的資訊。第 5 章已介紹過如何將資料注入卷冊、並供 pod 裡的容器讀取；但是從 ConfigMaps 或 secrets 掛載而來的資料通常都是唯讀的，而本小節著重在替容器提供可以寫入、而且可以在容器故障後還能存續的卷冊，甚至連 pod 故障時都可以撐過去。

不論是 Docker、rkt、CRI-O、還是 Singularity，每一種主流的容器執行期間都允許將卷冊掛載到一個對映外部儲存系統的容器當中。最簡單的外部儲存可以是一個記憶體位址、一個通往容器所在主機的路徑、或是一個像是 NFS、Glusterfs、CIFS 或 Ceph 之類的外部檔案系統。你或許會自忖：這有何必要？最好的例子就是一個舊式的應用程式，它會將應用程式自身的日誌資訊寫到本地的檔案系統。解決方案有很多種，例如改寫應用程式原始碼，以便將日誌改為寫到外部邊車容器的 `stdout` 或 `stderr`，而容器再透過共用的 pod 卷冊、或是利用能同時讀取主機日誌和容器應用程式日誌所在卷冊的主機式日誌工具，把日誌資料串流至外部資源之類（但不是只有這種解法）。要達成以上場合，可以用 Kubernetes 的 `host Path` 把卷冊掛載至容器，做法如下：

```
apiVersion: apps/v1
kind: Deployment
metadata:
  name: nginx-webserver
spec:
  replicas: 3
  selector:
    matchLabels:
      app: nginx-webserver
  template:
    metadata:
      labels:
        app: nginx-webserver
    spec:
      containers:
      - name: nginx-webserver
        image: nginx:alpine
        ports:
        - containerPort: 80
        volumeMounts:
          - name: hostvol
            mountPath: /usr/share/nginx/html
```

```
volumes:
  - name: hostvol
    hostPath:
      path: /home/webcontent
```

卷冊的最佳實務做法

- 試著只有在 pods 中有多個容器需要共享資料時才利用卷冊，例如 adapter 或是 ambassador 等類型樣式。這些類型的共用樣式請使用 `emptyDir`。
- 如果取用的資料同時也有其他節點代理程式或服務要使用時，請使用 `hostDir`。
- 試著找出任何會把重大應用程式日誌和事件寫到本地磁碟的服務，可能的話請改寫到 `stdout` 或 `stderr`，然後讓真正相容於 Kubernetes 的日誌整合系統把日誌資料串流出來，而不要透過卷冊對映為之。

Kubernetes 的儲存

到目前為止的例子，都只指出如何將卷冊對應到 pod 中容器的基本做法，這只是容器引擎的基本功能罷了。真正的關鍵在於讓 Kubernetes 管理卷冊掛載背後的儲存概念。只有這樣才能適應變動更多的場合，可以允許 pods 視需要產生或消失，而 pod 背後的儲存會移轉至新 pod 所在之處。Kubernetes 使用兩種不同的 API 來管理 pods 的儲存裝置：PersistentVolume 和 PersistentVolumeClaim。

PersistentVolume

各位不妨將 PersistentVolume 想像成一個磁碟，而這個磁碟可以支援任何掛載至 pod 的卷冊。每一個 PersistentVolume 必須要由一個聲請策略（claim policy）來定義卷冊的生命週期，這和使用卷冊的 pod 生命週期無關。Kubernetes 可以使用動態或靜態定義的卷冊。要動態地建立卷冊，就必須要在 Kubernetes 裡定義一個 StorageClass。PersistentVolume 可以建置在不同類型和類別的叢集裡，只有當 PersistentVolumeClaim 與 PersistentVolume 對應時，後者才會真正指派給 pod。卷冊本身是靠卷冊植入元件運作的。Kubernetes 直接支援的植入元件為數甚眾，每一種都有自己獨特的設定參數需要調整：

```
apiVersion: v1
kind: PersistentVolume
metadata:
```

```
  name: pv001
  labels:
    tier: "silver"
  spec:
  capacity:
    storage: 5Gi
  accessModes:
  - ReadWriteMany
  persistentVolumeReclaimPolicy: Recycle
  storageClassName: nfs
  mountOptions:
    - hard
    - nfsvers=4.1
  nfs:
    path: /tmp
    server: 172.17.0.2
```

PersistentVolumeClaims

PersistentVolumeClaims 是一種讓 Kubernetes 可以得知 pod 所需儲存資源需求定義的方式。Pods 會參照這份聲請，如果有符合聲請的 `persistentVolume` 存在，這個卷冊就會被指派給特定的 pod。聲請時至少要定義儲存請求大小和取用模式，但也可以加上特定的 StorageClass 定義。你也可以透過選擇器（Selectors）來比對符合特定條件的 PersistentVolumes，以便分配：

```
apiVersion: v1
kind: PersistentVolumeClaim
metadata:
  name: my-pvc
spec:
  storageClass: nfs
    accessModes:
    - ReadWriteMany
  resources:
    requests:
      storage: 5Gi
  selector:
    matchLabels:
      tier: "silver"
```

以上的聲請會比對到我們剛剛建立的 PersistentVolume，因為 storage class name、selector 比對、大小、取用模式全都相符。

Kubernetes 會比對 PersistentVolume 和聲請內容，然後把兩者綁在一起。若要使用卷冊，你的 pod.spec 只需以名稱引用該聲請即可，就像這樣：

```
apiVersion: apps/v1
kind: Deployment
metadata:
  name: nginx-webserver
spec:
  replicas: 3
  selector:
    matchLabels:
      app: nginx-webserver
  template:
    metadata:
      labels:
        app: nginx-webserver
    spec:
      containers:
      - name: nginx-webserver
        image: nginx:alpine
        ports:
        - containerPort: 80
        volumeMounts:
          - name: hostvol
            mountPath: /usr/share/nginx/html
      volumes:
        - name: hostvol
          persistentVolumeClaim:
            claimName: my-pvc
```

儲存的類別

管理員也可以選擇只建立更一般化的 StorageClass 物件，而不是一開始就先手動定義 PersistentVolumes，StorageClass 物件定義了要使用何種卷冊植入元件、以及所有相同類別的 PersistentVolumes 會用到的特定掛載選項和參數。然後在定義卷冊聲請（claim）時就可以指名要使用哪一種 StorageClass，Kubernetes 就會根據 StorageClass 的參數和選項，動態地建立 PersistentVolume：

```
kind: StorageClass
apiVersion: storage.k8s.io/v1
metadata:
name: nfs
provisioner: cluster.local/nfs-client-provisioner
parameters:
  archiveOnDelete: True
```

Kubernetes 同時也允許操作人員利用 DefaultStorageClass 這個入境植入元件來建立預設的儲存類別。如果 API 伺服器啟用此功能，就會定義出預設的 StorageClass，而任何一個未曾明確定義 StorageClass 的 PersistentVolumeClaims 都會套用它。有些雲端供應商還會把某個實例的預設儲存類別自動對應到該實例能負擔的最廉價儲存設備。

容器的儲存介面 FlexVolume

容器儲存介面（Container Storage Interface, CSI）和 FlexVolume 常被稱作是「外掛的」（Out-of-Tree）卷冊植入元件，它可以讓儲存裝置業者自訂儲存用的植入元件，無須像如今大部分的卷冊植入元件那樣，等待相關的程式碼加入到 Kubernetes 的主程式碼當中。

CSI 和 FlexVolume 等植入元件都是由 operators 以擴充的形式部署到 Kubernetes 叢集當中的，而且需要公開新功能時，可以由儲存裝置業者進行更新。

在 GitHub 上，CSI 是這樣描述其目標的（*https://oreil.ly/AuMgE*）：

> 要定義出一個容器儲存介面的業界標準，讓儲存裝置業者（*storage vendors, SP*）只需一次開發出植入元件，就可以在多種容器協調（*container orchestration, CO*）系統上運作。

FlexVolume 介面一直都是儲存供應商用來添加額外新功能的傳統做法。叢集中的所有需要使用它的節點，都必須先裝好特定驅動程式才能操作它。基本上就是一個安裝在叢集主機上的可執行檔。最後這個元件才是使用 FlexVolumes 的主要障礙，對於託管服務的供應商尤其如此，因為一般節點的安裝存取通常都會受限，更別提主要節點（masters）。CSI 植入元件解決了這個問題，因為基本上只是公開相同的功能，用起來就跟把 pod 部署到叢集一樣簡單。

Kubernetes 儲存的最佳實務做法

雲端原生應用程式的設計原則，會儘量採用無狀態的應用程式設計方式；然而容器式服務的逐漸普及，造就了對於資料儲存永久性的需求。以下這些關於 Kubernetes 儲存的一般性最佳實務做法，有助於設計出一個有效的方式，可以為應用程式的設計提供所需的儲存實作：

- 可能的話請啟用 DefaultStorageClass 這個入境植入元件，並定義一個預設的儲存類別。在很多狀況下，需要 PersistentVolumes 的應用程式 Helm 圖表都會預設使用該圖表的預設儲存類別，這樣一來，安裝好應用程式後就不必再針對儲存做太多修改。
- 設計叢集架構時，不論是放在自有的還是雲端業者的環境，請替節點和 PersistentVolumes 使用適當的標籤，並以親和性（affinity）把資料和工作負載盡量集中在一起，以便平衡運算和資料層之間的區域（zone）分隔和連結性。各位最不想見到的，就是有一個 pod 位於 zone A 的節點、嘗試去掛載一個附掛在 zone B 節點中的卷冊。
- 謹慎地思考哪一個工作負載需要將狀態儲存在磁碟上。它是否可以由資料庫這樣的外部服務來處理，或者是由 mongoDB 或 mySQL 即服務這種與現有 API 相容的雲端供應商託管服務 API 來處理？
- 評估需要耗費多少精力才能更改成無狀態應用程式。
- 雖然 Kubernetes 會在調度工作負載時追蹤和掛載卷冊，它卻無法為儲存在卷冊中的資料提供容錯和備份。CSI 的規格中加入了一個 API，如果儲存後端能夠支援，這個 API 可以讓廠商植入原生的快照技術。
- 檢查卷冊所含資料的正確生命週期。根據預設，動態開通的 persistentVolumes 都設有回收策略，可以在 pod 刪除後同時從後端儲存供應商刪除卷冊。如果資料十分敏感、或是可以用作鑑識分析的資料，都應該要設置回收策略。

有狀態的應用程式

與一般的認知正好相反的是，Kubernetes 從一開始就已支援有狀態的應用程式，如 mySQL、Kafka、Cassandra 及其他眾多技術。然而這些先進技術的草創時期往往充斥著相當程度的複雜性，只能適用於小型的工作負載，而且要耗上好一番功夫才能讓規模調節和耐用性等功能步上正軌。

要完全掌握關鍵的差異，就必須了解典型的 ReplicaSet 是如何調度和管理 pods 的，以及 pod 對於傳統有狀態的應用程式有何影響：

- ReplicaSet 裡的 pods 向外擴展時，調度賦予的名稱是隨機的。
- ReplicaSet 裡的 pods 縮減規模時，是任意挑選 pod 清除的。

- ReplicaSet 裡的 pods 決不會讓外界直接經由名稱或 IP 位址呼叫，但它們卻與服務有直接的關聯。
- ReplicaSet 裡的 pods 可以隨時重啟並移動至另一個節點。
- ReplicaSet 裡的 pods 只有經過聲請（claim）才會串接到 PersistentVolume 對應，但是在進行重新調度時，任何有新名稱的新 pod 都還是可以延續使用相同的聲請。

即使是略懂叢集資料管理系統的人，都能馬上看出以上由 ReplicaSet 所產生 pod 的特性會造成何等影響。設想，一份含有當下資料庫可寫入副本的 pod 要是突然就這樣不翼而飛，會是怎樣的雞飛狗跳！

大多數 Kubernetes 世界的新手都會假設，以 StatefulSet 構成的應用程式就一定會是資料庫應用程式，因而錯誤地將兩者劃上等號。Kubernetes 對自己部署的是何種應用程式根本一無所知，光從這一點來說，上述等式就根本與事實相去甚遠。Kubernetes 並不知道你的資料庫系統需要一個領導者選舉過程，也不知道能否處理集合成員之間的資料抄寫，甚至根本不知道這是一個資料庫系統。這時就是 StatefulSets 派上用場的時候。

StatefulSets

StatefulSets 的目的，在於讓那些需要節點和 pods 運作更為穩定的應用程式得以輕鬆運作。如果檢視上述 ReplicaSet 中典型的 pod 特性，就會發現 StatefulSets 幾乎完全是對立的一面。我們引進了這個在 Kubernetes 的 1.3 版規格中原本被暱稱為 PetSets 的規格，用意就是要解決有狀態類型的應用程式（例如複雜的資料管理系統）在調度和管理方面的一些重大需求：

- StatefulSet 裡的 pods 向外擴展時，調度指派的名稱是循序的。當集合擴展時，pods 會取得有序數的名稱，而且按照預設，新的 pod 必須完全上線（亦即通過它自訂的 liveness 或 readiness 探針），然後才能新增下一個 pod。
- StatefulSet 裡的 pods 縮減規模時，是按照與擴展時相反的順序進行的。
- StatefulSet 裡的 pods 可以根據 headless Service 背後的名稱分別辨識。
- StatefulSet 裡的 pods 如果需要掛載卷冊，一定要經由事先定義好的 PersistentVolume 範本來進行。StatefulSet 裡的 pods 所聲請的卷冊，就算 StatefulSet 被刪除，卷冊也不會被刪除。

StatefulSet 的規格乍看之下與 Deployment 非常相似，唯一的例外是 Service 的宣告和 PersistentVolume 的範本。你可以先製作一個 headless Service，其中定義了 pods 會被一一參照的 Service。其實 headless Service 和一般的 Service 一樣，只是前者不具備正常的負載平衡功能：

```
apiVersion: v1
kind: Service
metadata:
  name: mongo
  labels:
    name: mongo
spec:
  ports:
  - port: 27017
    targetPort: 27017
  clusterIP: None # 這裡會建立一個 headless 服務
  selector:
    role: mongo
```

StatefulSet 的定義看起來就像是一個 Deployment，只是略做了更動：

```
apiVersion: apps/v1beta1
kind: StatefulSet
metadata:
  name: mongo
spec:
  serviceName: "mongo"
  replicas: 3
  template:
    metadata:
      labels:
        role: mongo
        environment: test
    spec:
      terminationGracePeriodSeconds: 10
      containers:
        - name: mongo
          image: mongo:3.4
          command:
            - mongod
            - "--replSet"
            - rs0
            - "--bind_ip"
            - 0.0.0.0
            - "--smallfiles"
            - "--noprealloc"
```

```
          ports:
            - containerPort: 27017
          volumeMounts:
            - name: mongo-persistent-storage
              mountPath: /data/db
        - name: mongo-sidecar
          image: cvallance/mongo-k8s-sidecar
          env:
            - name: MONGO_SIDECAR_POD_LABELS
              value: "role=mongo,environment=test"
  volumeClaimTemplates:
  - metadata:
      name: mongo-persistent-storage
      annotations:
        volume.beta.kubernetes.io/storage-class: "fast"
    spec:
      accessModes: [ "ReadWriteOnce" ]
      resources:
        requests:
          storage: 2Gi
```

Operators

要把複雜的有狀態應用程式變成可行的 Kubernetes 工作負載，StatefulSets 絕對是不可或缺的要素。唯一的問題是，先前曾經提過 Kubernetes 並不會真正知道 StatefulSets 中運行的是何種工作負載。所有複雜的運作，如備份、故障切換、領導者登錄、新抄本的登錄、以及升級等等，都是需要經常執行的，因而以 StatefulSets 運行時，必須審慎地加以考量。

在 Kubernetes 草創的成長期，CoreOS 的站台可靠性工程師（site reliability engineers, SRE）為 Kubernetes 建立了一種新類別的雲端原生軟體，稱為 Operators。原本的意圖是想把運行特定應用程式的專屬領域知識封裝至一個特定的控制器當中，藉以延伸 Kubernetes 的功能。設想，若能建構在 StatefulSet 控制器上，就能在 Cassandra 或 Kafka 上進行部署、調節、升級、備份和執行一般維護作業。早期有一些 Operators 是針對 etcd 和 Prometheus 建置的，它運用了時序資料庫來儲存與時間有關的指數。Prometheus 或 etcd 的實例所需的正確組態建置、備份和還原，都可以由 Operator 代勞，基本上就像是 pod 或 Deployment 一樣，是 Kubernetes 管理的全新物件。

直到最近，Operators 都還是由 SRE 或軟體廠商針對特定應用程式製作的一次性工具。在 2018 年中時，RedHat 建立了 Operator 框架，這組工具含有 SDK 生涯週期管理工具、以及可以打造計量、市場行銷以及登錄型別函式等功能的未來模組。Operators 並非只適用於有狀態的應用程式，但由於它具備自訂的控制器邏輯，因而十分適合複雜的資料服務和有狀態的系統。

Operators 在 Kubernetes 領域中仍屬於新興技術，但它們正逐漸在許多資料管理系統廠商、雲端供應商和 SRE 之間佔有一席之地，他們都希望能納入自家在 Kubernetes 上運行複雜分散式系統的知識。關於最新的 Operators 清單，請參閱 OperatorHub（*http://operatorhub.io*）。

StatefulSet 和 Operator 的最佳實務做法

需要狀態的大型分散式系統，包括那些可能需要複雜的管理和組態運作的系統，都會因 Kubernetes 的 StatefulSet 和 Operators 而獲益。Operators 還在發展中，但它們有社群的大規模支援，因此以下的最佳實務做法，係基於本書付梓時的既有功能來定義：

- 請審慎決定是否要使用 Statefulsets，因為有狀態的應用程式常需要更深入的管理，而這是協調器（orchestrator）還沒有能力妥善管理的（請回頭參閱第 228 頁的「Operators」一節，以便尋求 Kubernetes 此一缺陷的未來解答）。
- StatefulSet 中的 headless Service 是不會自動建立的，必須在部署時建立，才能正確地將 pods 定為個別節點。
- 就算應用程式需要有序的命名和可靠的調節方式，並不代表它需要配置 PersistentVolumes。
- 如果叢集中有一個節點失去回應，任何隸屬於 StatefulSet 的 pod 都不會被自動刪除；相反地，它們會在一段緩衝期後進入 `Terminating` 或 `Unkown` 的狀態。唯一可以清除這種 pod 的方式，是從叢集中將該節點移除，這時 kubelet 會再度開始運作，並將 pod 直接刪除，或是讓 Operator 強制刪除 pod。強制刪除應視為最終手段，而且應當小心確認這個含有已刪除 pods 的節點不會再恢復上線，因為這樣一來叢集中就會有兩個同名的 pods 並存。各位可以使用 `kubectl delete pod nginx-0 --grace-period=0 --force` 強制刪除 pod。

- 即使在強制刪除一個 pod 之後，它可能仍處於 `Unknown` 狀態，因此修補 API 伺服器時，它會刪除某個項目，並迫使 StatefulSet 控制器替被刪除的 pod 重新產生一個實例：`kubectl patch pod nginx-0 -p '{"metadata":{"finalizers":null}}'`。
- 如果你運行的複雜資料系統中需要某種類型的 leader 選舉或資料複寫的確認程序，請利用 `preStop hook` 正確地關閉任何連線，在 pod 被溫和的關閉程序刪除前，強迫進行 leader 選舉，或是驗證資料的同步性。
- 如果需要有狀態資料的應用程式屬於複雜的資料管理系統，也許該設法注意一下，是否有現成的 Operator 可以協助管理更繁瑣的應用程式生命週期元件。如果是自行開發的應用程式，則應評估是否應將其封裝為 Operator，以便為應用程式添加額外的可管理性。範例請參閱 CoreOS 的 Operator SDK（*https://coreos.com/operators*）。

總結

大部分的機構都傾向於把無狀態的應用程式容器化，然後讓有狀態的應用程式保持原狀。隨著越來越多的雲端應用程式運行在雲端供應商提供的 Kubernetes 服務之上，data gravity[譯註 1] 就成了一大問題。有狀態的應用程式需要經過更詳盡的事前準備與調查，但事實上因為 StatefulSets 和 Operators 的導入，使得在叢集上運行這類應用程式的趨勢已經有加速的跡象。將卷冊對映到容器當中，Operators 就可以把儲存子系統抽象化，並與應用程式的開發分離開來。在 Kubernetes 中管理資料庫系統之類的有狀態應用程式，仍然屬於複雜的分散式系統，必須透過 Kubernetes 原生的 pods、ReplicaSets、Deployments 和 StatefulSets 等內容小心地調配，但是使用 Operators，將特定應用程式內容封裝為 Kubernetes 的 API，會有助於將此類系統提升至正式環境的叢集當中。

譯註 1 data gravity 是一個隱喻，形容隨著資料量的增長，周圍的服務、應用程式、甚至使用者都會像被重力吸引般愈益累積。

第十七章

入境的控制與授權

控制對於 Kubernetes API 的存取，不但是確保叢集安全無虞的不二法門，也可以用來替 Kubernetes 叢集的使用者、工作負載及元件實施策略與治理。在本章中，我們要來分享一些入境控制器和授權模組的使用方法，藉以啟用特定的功能，並教你如何設定它們來適應自己的特定需求。

圖 17-1 所顯示的就是入境控制和授權發生作用的內部位置。它描繪出一個從 Kubernetes 的 API 伺服器直到物件的點對點請求流程，如果通過了，就會寫入儲存體。

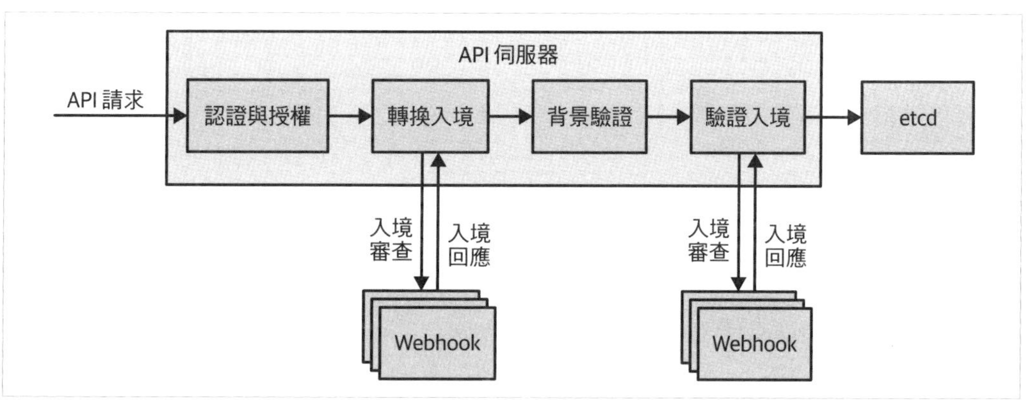

圖 17-1　一個 API 請求流程

入境控制

你是否曾經想過，當你定義的資源所在的命名空間尚不存在時，這個命名空間是怎麼憑空出現的？又或許你也想過，預設的儲存類別（default storage class）是如何決定的？這些異動都源自一個鮮為人知的功能，稱為**入境控制器**（*admission controllers*）。在這個小節裡，我們要來學習如何使用入境控制器，並在伺服器端替使用者實現 Kubernetes 的最佳實務做法，同時利用它來控制 Kubernetes 叢集的使用方式。

它們是什麼玩意？

入境控制器坐落在 Kubernetes 的 API 伺服器請求流程的途徑上，同時會接收已通過認證和授權階段後的請求。它們被用來驗證或轉換（或是兩者同時為之）請求物件，然後才寫入儲存體。驗證和轉換用入境控制器的差異，在於轉換用入境控制器會更改它們接納的請求物件，但驗證用入境控制器不會這樣做。

它們為何重要？

由於入境控制器坐落在所有 API 伺服器請求的途徑上，各位可以用各種方式利用它們。最常見的入境控制器用法，可以歸納成以下三大類：

策略和治理

入境控制器可以強制實施策略，藉此滿足業務上的需求；例如：

- 在 dev 命名空間中，只能使用內部的雲端負載平衡器。
- 在 pod 裡所有的容器都必須設有資源限制。
- 為所有資源加上預先定義的標準標籤或註記，以便讓既有的工具可以找到它們。
- 所有 Ingress 資源都只能使用 HTTPS。在這種情況下如何使用入境專用的 webhooks，詳情請參閱第 11 章。

安全性

各位可以靠入境控制器在叢集中強制達成一致的安全狀態。最典型的例子就是 PodSecurityPolicy 這個入境控制器，它可以控制 pod 規格中對安全性敏感的欄位，例如拒絕需要特權的容器、或是使用來自主機檔案系統的特定路徑等等。透過入境專用的 webhooks，可以強制實施更細緻的、或自訂的安全規範。

資源管理

入境控制器可以藉由驗證實現叢集使用者的最佳實務，例如：

- 確認所有入口的完整域名（fully qualified domain names, FQDN）都具備特定的後綴域名。
- 確認入口的 FQDNs 沒有重疊。
- 在 pod 裡的所有容器都必須設有資源限制。

入境控制器的種類

入境控制器共分兩種類別：**標準**和**動態**。標準的入境控制器係編譯在 API 伺服器當中，在每次 Kubernetes 發佈時，作為植入元件一併發行；它們必須在 API 伺服器啟動時就先設定好。至於動態的控制器，則是可以在執行期間設定的，而且可以在 Kubernetes 核心程式碼以外獨立開發。唯一的動態類型入境控制器就是入境專用的 webhooks，它負責透過 HTTP 的 callback 接收入境請求。

Kubernetes 本身附有超過 30 種的入境控制器，可以透過以下的 Kubernetes API 伺服器旗標啟用：

```
--enable-admission-plugins
```

很多 Kubernetes 內附的功能都仰賴特定的標準入境控制器的輔助，因此有一整組的預設值：

```
--enable-admission-plugins=
NamespaceLifecycle,LimitRanger,ServiceAccount,DefaultStorage-
Class,DefaultTolerationSeconds,MutatingAdmissionWebhook,ValidatingAdmissionWebho
ok,Priority,ResourceQuota,PodSecurityPolicy
```

各位可以從 Kubernetes 的官方文件中找到 Kubernetes 入境控制器及其功能的清單。

各位也可能會在入境控制器清單文件中讀到以下建議啟用的項目：「MutatingAdmissionWebhook、ValidatingAdmissionWebhook」。這些標準的入境控制器本身不會實作任何入境專用的邏輯；而是用來設定叢集內運行的 webhook 端點用的，端點用途則是轉送入境請求物件。

設定入境專用的 Webhooks

先前提過，入境專用 webhooks 的主要好處之一，是它可以動態設定。重點是各位必須了解如何有效地設定入境專用的 webhooks，因為只要涉及一致性和故障模式，就必須考量其背後含意和取捨。

以下的程式碼片段，是一個 ValidatingWebhookConfiguration 資源的項目清單。這個項目清單係用來定義一個專供驗證的入境專用 webhook。片段中提供了每個欄位相關功能的詳細說明：

```
apiVersion: admissionregistration.k8s.io/v1beta1
  kind: ValidatingWebhookConfiguration
  metadata:
    name: ## 資源名稱
  webhooks:
  - name: ## 入境專用 webhook 的名稱，如果在檢視接納與否時遭拒，這個名稱就會顯示給使用者參考
    clientConfig:
      service:
        namespace: ## 入境專用 webhook 的 pod 所在的命名空間
        name: ## 用來連接這個入境專用 webhook 的服務名稱
       path: ## webhook 的 URL
      caBundle: ## 以 PEM 編碼的 CA bundle，用來驗證 webhook 的伺服器憑證
    rules: ## 描述 API 伺服器必須把哪些資源 / 子資源上的哪些操作送交給這個 webhook
    - operations:
      - ## 會觸發 API 伺服器送交給這個 webhook 的特定操作（例如 create、update、delete、
connect）
      apiGroups:
      - ""
      apiVersions:
      - "*"
      resources:
      - ## 特定資源的名稱（例如部署、服務、入口）
    failurePolicy: ## 定義如何處理存取問題或無法辨識的錯誤，只能設為 Ignore 或是 Fail
```

為完整起見，我們也來看一個 MutatingWebhookConfiguration 資源的項目清單。這個項目清單定義的是一個專職轉換的入境專用 webhook。程式片段中已詳盡說明了每個欄位的功能：

```
apiVersion: admissionregistration.k8s.io/v1beta1
  kind: MutatingWebhookConfiguration
  metadata:
    name: ## 資源名稱
  webhooks:
```

```
  - name: ## 入境專用 webhook 的名稱，如果在檢視接受入境與否時遭拒，這個名稱就會顯示給使
用者參考
    clientConfig:
      service:
        namespace: ## 入境專用 webhook 的 pod 所在的命名空間
        name: ## 用來連接這個入境專用 webhook 的服務名稱
       path: ## webhook 的 URL
      caBundle: ## 以 PEM 編碼的 CA bundle，用來驗證 webhook 的伺服器憑證
    rules: ## 描述 API 伺服器必須把哪些資源 / 子資源上的哪些操作送交給這個 webhook
    - operations:
      - ## 會觸發 API 伺服器送交給這個 webhook 的特定操作（例如 create、update、delete、
connect）
      apiGroups:
      - ""
      apiVersions:
      - "*"
      resources:
      - ## 特定資源的名稱（例如部署、服務、入口）
    failurePolicy: ## 定義如何處理存取問題或無法辨識的錯誤，只能設為 Ignore 或是 Fail
```

各位或許已經注意到，以上兩個資源其實無甚差異，唯一的例外是 kind 這個欄位。然而在後端尚有一處差異：MutatingWebhookConfiguration 允許入境專用的 webhook 傳回一個更改過的請求物件，而 ValidatingWebhookConfiguration 則否。即使如此，你還是可以定義一個只進行驗證的 MutatingWebhookConfiguration；一旦有安全方面的考量時，就應該考慮以下的**最少授權原則**。

各位很可能會自忖「要是我在定義 ValidatingWebhookConfiguration 或是 MutatingWebhookConfiguration 時，其資源欄位正好是被 ValidatingWebhookConfiguration 或 MutatingWebhookConfiguration 的規範物件控制的資源時，會發生什麼事？」。還好，對於 ValidatingWebhookConfiguration 與 MutatingWebhookConfiguration 物件的入境請求，都不會引用驗證入境 Webhooks 和 MutatingAdmissionWebhooks。這是有緣故的：誰都不會想要一不小心把叢集弄成不可收拾的狀態。

入境控制的最佳實務做法

我們已經了解入境控制器的功能了，以下是若干可以充分發揮其用途的最佳實務做法：

- 入境專用植入元件的啟動順序並不打緊。在早期的 Kubernetes 版本中，入境專用植入元件的啟動順序會連帶影響到處理的順序；所以那時順序很重要。但是對於現今的 Kubernetes 版本來說，我們以 `--enable-admission-plugins` 旗標將入境專用植入元件指定為 API 伺服器時，其順序已經無關緊要。然而，如果涉及入境專用的 webhooks，順序還是有一點關係的，因此這種情況下一定要清楚了解請求的流程。入境請求的拒絕與否，其條件是以邏輯運算子 AND 組合的，亦即如果有任何一個入境專用的 webhooks 拒絕了一筆請求，則整筆請求都會遭流程拒絕，而且會對使用者發回一筆錯誤訊息。要注意的是，轉換用的入境控制器一定要執行在驗證用的入境控制器之前。只要想一下就可以理解：你當然不會想要去驗證一筆事後還會被修改的物件。圖 17-2 便說明了一個經過入境專用 webhooks 的請求流程。

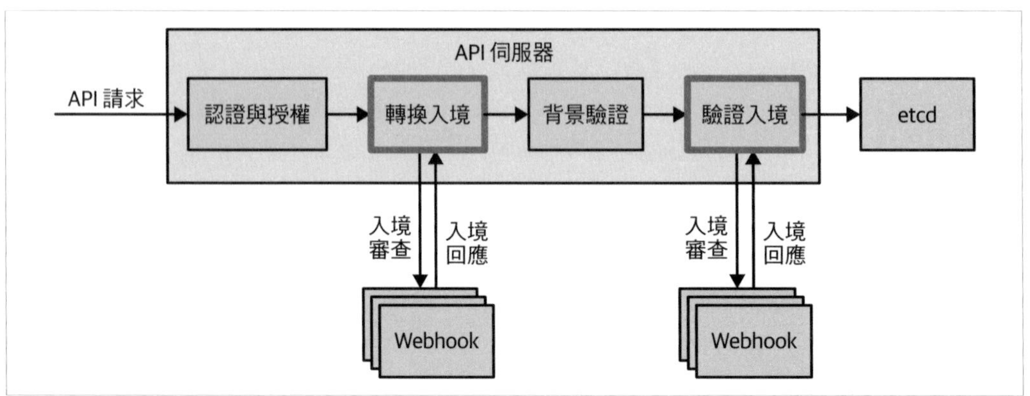

圖 17-2　一個經過入境專用 webhooks 的 API 請求流程

- 不要去轉換同一個欄位。設定多個會轉換的入境專用 webhooks 也會造成難題。你無法改變請求流程通過多個會轉換的入境專用 webhooks 時的順序，因此最好不要讓轉換用的入境控制器去修改同一個欄位，此舉極可能造成意料之外的結果。如果你真的有多個會轉換的入境專用 webhooks 並存時，我們通常會建議設置一個負責驗證的入境專用 webhooks，藉以確認最終轉換完成的資源項目清單是在你預料中的，因為驗證一定是在轉換用 webhooks 之後執行的緣故。

- Fail open/fail closed。各位也許還有印象，先前曾同時在轉換和驗證用的 webhook 組態資源中看到 failurePolicy 這個欄位。這個欄位定義了 API 伺服器在遇到入境專用 webhooks 有存取問題、或是發生無法辨識的錯誤時，該如何繼續動作。這個欄位可以設為 Ignore（忽視並略過）或是 Fail（錯誤並停止）。Ignore 基本上就等於接受無法開啟的事實，亦即對該筆請求的處理會繼續進行，而 Fail 則會拒絕整筆請求。表面上看起來好像淺顯易懂，但是兩者背後隱藏的意義值得深思。萬一你忽略的是一個重要的入境專用 webhook，可能導致業務運作所仰賴的某個策略未能正確地套用在資源上，而且使用者對此一無所知。

  要防範這種狀況，可能的解法之一就是當 API 伺服器記錄到它無法使用指定的入境專用 webhook 時，應發出警訊。如果逕自設為 Fail，則可能會導致入境專用 webhook 在遇到問題時拒絕所有的請求、問題會更嚴重。要防範這種情形，最好是縮小規範的範圍，讓入境專用 webhook 只會影響特定的資源請求。原則上你不應該讓任何規範的影響範圍遍及叢集中的所有資源。

- 如果你自行撰寫入境專用的 webhook，切記入境專用 webhook 在決策或是回應時所花的時間，都會直接影響使用者 / 系統的請求。所有的入境專用 webhook 的呼叫，都設有一個 30 秒的逾時值，一旦超過這個時間，failurePolicy 就會發生作用。即使你的入境專用 webhook 只是用幾秒鐘來做出接納 / 拒絕入境的決策，也可能嚴重影響到叢集使用者的體驗。因此應避免設計過於複雜的邏輯、或是仰賴資料庫之類的外部系統來處理接納 / 拒絕入境的判斷邏輯。

- 為入境專用的 webhooks 設下範圍。你可以透過一個選用的欄位來限制入境專用的 webhooks 所影響的命名空間，這個欄位就是 Namespace Selector。該欄位預設資料值是空的，亦即它會比對出任何內容，但我們可以用它搭配 matchLabels 欄位來比對命名空間標籤。建議大家一定要運用這個欄位，因為它可以明確地限制有哪些命名空間會受到影響。

- kube-system 這個命名空間是專門保留給所有 Kubernetes 叢集的。所有系統層級的服務都在此運作。建議大家絕對不要針對這個命名空間中的資源施加任何入境專用的 webhooks，並以 NamespaceSelector 欄位把 kube-system 命名空間從影響範圍中篩掉。各位應該考慮對任何叢集運作所需的系統層級命名空間加上以上的篩選防護措施。

- 務必以 RBAC 管制入境專用 webhook 的組態。現在各位已經知道入境專用 webhook 組態中所有的欄位用途，可能也已經想到，要阻斷對叢集的存取有多麼容易。沒錯，就是 MutatingWebhookConfiguration 和 ValidatingWebhookConfiguration 的建置，都應視為叢集的 root 等級操作，必須用 RBAC 適度地管制。如果沒有管制，極可能導致叢集受損，更糟的是應用程式的工作負載可能受到注入（injection）攻擊。
- 不要傳送敏感性資料。入境專用的 webhooks 基本上是一個黑盒子，它只會接收 AdmissionRequests、並輸出 AdmissionResponses。至於它們如何儲存和操作請求的內容，使用者無從得知。因此最要緊的是要考慮你會將什麼樣的請求酬載送交給入境專用的 webhook。以 Kubernetes 的密語或 ConfigMaps 為例，它們可能會含有敏感的資訊，因此這類資訊的儲存和共享方式都需要確切的保障。把這類資訊分享給入境專用 webhook，可能會洩漏敏感性資訊，這就是何以你應該將資源規則影響範圍限定在需要驗證或轉換的少數資源的緣故。

授權

我們通常都是在面臨這樣的問題時才會思考授權內容：「某位使用者是否可以對這些資源執行那些動作？」在 Kubernetes 裡，每一筆請求的授權都是在認證之後進行的，但是授權仍然發生在入境（admission）之前。在這一節裡，我們要來探討如何設置不同的授權模組，並進一步學習如何建立正確的策略，以滿足叢集的需求。圖 17-3 就說明了授權在請求流程中的位置。

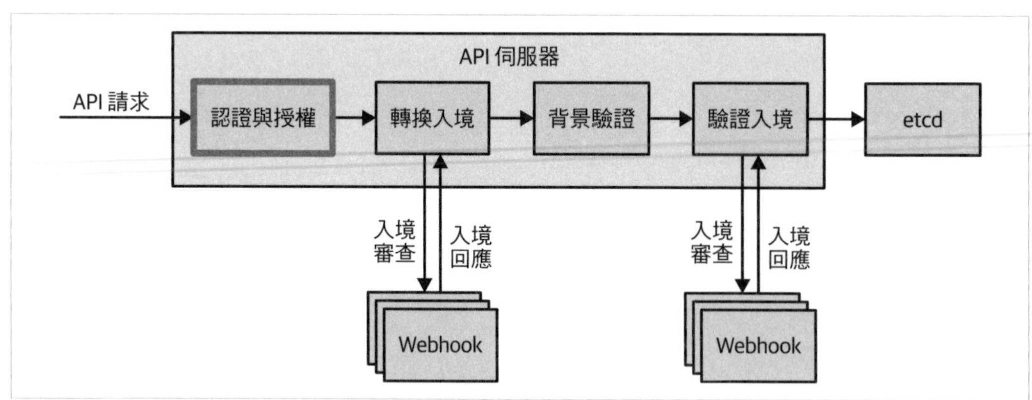

圖 17-3　API 請求流程和授權模組

授權模組

授權模組的職掌就是賦予或拒絕存取的許可權。它們會按照策略決定是否要賦予存取，而策略需要事先明確定義；如果策略從缺，所有的請求預設都會被擋下。

直到 Kubernetes 的 1.15 版為止，出廠時都還會直接附上以下的授權模組：

以屬性為基礎的存取控制（*Attribute-Based Access Control, ABAC*）

  允許透過本地端檔案設定授權策略

RBAC

  允許從 Kubernetes 的 API 設定授權策略（參照第 4 章）

Webhook

  允許從遠端的 REST 端點處理授權請求

Node

  可以處理來自 kubelets 授權請求的特殊授權模組

模組係由叢集管理員以這個 API 伺服器的旗標設定：`--authorization-mode`。設定的模組可以不只一個，而且會依序比對。和入境控制器不同的是，只要其中一個授權模組接受了請求，該筆請求就可以繼續進行。只有當所有的模組都一致拒絕某筆請求時，才會把錯誤訊息傳回給使用者。

ABAC

我們來看一個以 ABAC 授權模組為基礎定義的策略。它會對使用者 Mary 授予命名空間 `kubesystem` 的唯讀權限：

```
apiVersion: abac.authorization.kubernetes.io/v1beta1
kind: Policy
spec:
  user: mary
  resource: pods
  readonly: true
  namespace: kube-system
```

如果 Mary 要執行以下請求，就會遭到拒絕，因為 Mary 無權取用命名空間 demo-app 的 pods：

```
apiVersion: authorization.k8s.io/v1beta1
kind: SubjectAccessReview
spec:
  resourceAttributes:
    verb: get
    resource: pods
    namespace: demo-app
```

上例引用了一個新的 API 群組 authorization.k8s.io。這一組 API 會將 API 伺服器的授權公開給外部服務，此外它還含有以下的 API，十分適於除錯：

SelfSubjectAccessReview

審視現行使用者的存取權

SubjectAccessReview

類似 SelfSubjectAccessReview，但適用於任何使用者

LocalSubjectAccessReview

類似 SubjectAccessReview，但只適用於特定的命名空間

SelfSubjectRulesReview

取得使用者可以對命名空間執行的動作清單

最了不起的地方在於，你可以用平常建立資源的方式查閱這些 API。且讓我們拿上例來測試 SelfSubjectAccessReview 看看。輸出的狀態欄會指出這個請求是允許的：

```
$ cat << EOF | kubectl create -f - -o yaml
apiVersion: authorization.k8s.io/v1beta1
kind: SelfSubjectAccessReview
spec:
  resourceAttributes:
    verb: get
    resource: pods
    namespace: demo-app
EOF
```

```
apiVersion: authorization.k8s.io/v1beta1
kind: SelfSubjectAccessReview
metadata:
  creationTimestamp: null
spec:
  resourceAttributes:
    namespace: kube-system
    resource: pods
    verb: get
status:
  allowed: true
```

事實上，Kubernetes 出貨時都會在 `kubectl` 內建工具，讓事情更為簡化。`kubectl auth can-i` 指令在運作時則會像上例一樣查詢相同的 API：

```
$ kubectl auth can-i get pods --namespace demo-app
yes
```

如果身分為管理員，就可以用同一道指令去查詢其他使用者的動作：

```
$ kubectl auth can-i get pods --namespace demo-app --as mary
yes
```

RBAC

依角色實施的 Kubernetes 存取控管，可回頭參閱本書第 4 章。

Webhook

透過 webhook 授權模組，叢集管理員可以指定一個外部的 REST 端點，並將授權過程託付給該端點。這樣一來授權動作就可以在叢集之外進行，而且可以透過 URL 取得。REST 端點可以從主要（master）檔案系統的檔案中找到所需的設定組態，並以 `--authorization-webhook-config-file=SOME_FILENAME` 設定 API 伺服器。設定好之後，API 伺服器就會把 SubjectAccessReview 物件當成請求本體的一部分，送交給授權用的 webhook 應用程式，後者會逕行處理該物件，加上完成後的狀態欄位並回傳。

授權的最佳實務做法

在你修改叢集中設定的授權模組前，請考慮以下的最佳實務做法：

- 由於 ABAC 的策略必須放在每個主要節點的檔案系統當中、並彼此保持同步，因此我們通常**不建議**在多重主叢集（multimaster clusters）中使用 ABAC。對 webhook 模組的考量也一樣，因為組態係以檔案和相應的旗標為基礎。此外，每當修改檔案中的策略之後，就需要重啟 API 伺服器才能讓變更生效，此舉相當於讓單一主叢集（single master clusters）的控制面中斷服務，或是會讓多重主叢集出現短暫的組態不一致。有鑑於此，我們建議只使用 RBAC 模組來做使用者授權，因為所有的規範都是在 Kubernetes 當中設定和儲存的。
- Webhook 模組雖然功能強大，但可能有潛在風險。由於每筆請求都必須經過授權過程，若是 webhook 服務故障，就會造成叢集的大災難。故而我們通常不建議使用外部的認證模組，除非你完全不擔心沒有 webhook 服務可用時、叢集會發生何種故障狀態。

總結

在這一章裡，我們談到了有關入境和授權控管的基礎題材，也提到它們的最佳實務做法。當你在決定最佳的入境和授權組態應該是何模樣時，將這些技巧派上用場，就可以自訂叢集所需的控制和策略。

第十八章

結論

Kubernetes 的主要強項在於它的模組性和通用性。幾乎任何一種你想要部署的應用程式都適用於 Kubernetes，不論你想對系統做出哪一種調整或校正，大體來說都是可行的。

當然了，這樣的模組性和通用性是有代價的，就是你必須面對某種程度的複雜性。理解 Kubernetes 的 API 和元件如何運作，才能成功地發揮 Kubernetes 的威力，讓應用程式的開發、部署和管理都變得更簡單可靠。

同樣地，要在現實世界中有效地運用 Kubernetes，理解 Kubernetes 如何與各種外部系統及現實世界（像是自有資料庫和持續交付系統等等）串連，也同樣至關緊要。

綜觀全書，我們已經盡力針對各種特定題材提供紮實的實際經驗，不論你是 Kubernetes 的新手、還是經驗十足的管理員，很可能都會面對這些題材。不論你是否正面對一個必須儘快上手的陌生領域、還是你只不過想要學習其他人如何因應已知的問題，希望本書的章節都能讓你從我們的經驗中得到教訓。我們也希望各位能透過學習，獲得完全發揮 Kubernetes 實力所需的技巧和信心。感謝各位閱讀本書，期待能在現實世界中與各位相見！

索引

※ 提醒您：由於翻譯書排版的關係，部分索引名詞的對應頁碼會和實際頁碼有一頁之差。

A

B

C

D

E

F

G

H

I

J

K

L

M

N

O

P

Q

R

S

T

U

V

W

Y

關於作者

Brendan Burns 是一位傑出的微軟 Azure 工程師，同時也是 Kubernetes 開放原始碼計畫的共同創始人，已有十年以上的雲端應用程式建置經驗。

Eddie Villalba 是一位軟體工程師，任職於微軟商用軟體工程部門，主要負責開放原始碼雲端業務和 Kubernetes，曾協助許多使用者導入 Kubernetes 架構。

Dave Strebel 是微軟 Azure 的全球雲端原生架構師，主要負責開放原始碼雲端業務和 Kubernetes。他深入參與了 Kubernetes 開放原始碼專案，協助 Kubernetes 的發行團隊，並主導 SIG-Azure 產品。

Lachlan Evenson 是微軟 Azure 容器運算團隊的主管。他透過動手做的教學方式和研討會，協助許多人上手 Kubernetes。

出版記事

本書的封面動物，是綠頭鴨（Old World mallard duck, Anas platyrhynchos），屬於水鴨的一種，主要在水面、而非水下覓食。鴨屬禽類的分類通常按照其活動範圍及行為模式來區分；然而綠頭鴨常用來與其他品種混合培育，衍生出若干混種。

綠頭鴨的雛鳥十分早熟，孵化後馬上就能下水游動。幼鳥約莫 3 ～ 4 個月時便會開始飛行，14 個月後即完全成年，平均壽命在三年左右。

綠頭鴨身形屬於中等大小，比大多數的水鴨略重一點。成鳥平均長度為 23 英吋，翼展約 36 英吋，體重 2.5 磅左右。雛鴨羽毛為黃色與黑色。在 6 個月大時，可以從毛色外觀上區分雌鳥與雄鳥。雄鳥頭部羽毛為綠色、頸部為白色、胸部則是紫褐色，翅膀為灰棕色，鳥喙則是橙黃色。大多數雌性水鴨則是斑駁的棕色。

綠頭鴨棲息地遍佈全球。最常見於淡水與鹹水濕地，從湖泊、河流到海岸都有。北半球的綠頭鴨會進行遷徙，於冬季時往南方飛行。綠頭鴨的食物類型甚眾，從植物、種子、草根，到腹足類軟體動物、無脊椎軟體動物、以及甲殼類動物等等。

巢寄生這種將卵產在其他鳥之巢中的物種，經常會以綠頭鴨窩為目標。如果產下的卵和綠頭鴨蛋相似，綠頭鴨會將孵化的幼鳥當成自己的幼鳥養育。

綠頭鴨的天敵很多，主要是狐狸和遊隼、獵鷹等猛禽，偶而也會成為鯰魚或梭魚的食物。烏鴉、天鵝和雁鳥也會為了保護自己的地盤而攻擊綠頭鴨。綠頭鴨是首度被發現能夠「單半球睡眠」（Unihemispheric Sleep）的鳥類，這是一種在睡眠時，仍然有一半大腦保持清醒的能力，為了警戒天敵的襲擊，許多水鳥都有這種能力。

許多出現在歐萊禮書封的動物屬於瀕危物種，這些物種都是這個世界寶貴的存在。

本書封面插圖是由 Jose Marzan 繪製的黑白雕刻畫，源自 *The Animal World*。

Kubernetes 最佳實務

作　　者：Brendan Burns 等
譯　　者：林班侯
企劃編輯：莊吳行世
文字編輯：江雅鈴
設計裝幀：陶相騰
發 行 人：廖文良

發 行 所：碁峰資訊股份有限公司
地　　址：台北市南港區三重路 66 號 7 樓之 6
電　　話：(02)2788-2408
傳　　真：(02)8192-4433
網　　站：www.gotop.com.tw
書　　號：A633
版　　次：2020 年 06 月初版
建議售價：NT$520

國家圖書館出版品預行編目資料

Kubernetes 最佳實務 / Brendan Burns 等原著；林班侯譯. -- 初版. -- 臺北市：碁峰資訊, 2020.06
面；　公分
譯自：Kubernetes best practices: blueprints for building successful applications on Kubernetes
ISBN 978-986-502-491-8(平裝)
1.作業系統　2.軟體研發
312.54　109005689

讀者服務

- 感謝您購買碁峰圖書，如果您對本書的內容或表達上有不清楚的地方或其他建議，請至碁峰網站：「聯絡我們」\「圖書問題」留下您所購買之書籍及問題。（請註明購買書籍之書號及書名，以及問題頁數，以便能儘快為您處理）
http://www.gotop.com.tw

- 售後服務僅限書籍本身內容，若是軟、硬體問題，請您直接與軟體廠商聯絡。

- 若於購買書籍後發現有破損、缺頁、裝訂錯誤之問題，請直接將書寄回更換，並註明您的姓名、連絡電話及地址，將有專人與您連絡補寄商品。